零油烟优雅过生活

只用烤箱
做出美好一餐

USE ONLY THE

OVEN

蓝伟华——著

U0214751

海峡出版发行集团
THE STRAITS PUBLISHING & DISTRIBUTING GROUP
福建科学技术出版社
FUJIAN SCIENCE & TECHNOLOGY PUBLISHING HOUSE

只用烤箱
就能做出所有美味的料理

如果，厨房里只能选择一种调理家电，我会毫不犹豫地选择烤箱。

好吃的、漂亮的、亮晶晶的东西，总是深深吸引着8岁时脑袋小小的我。

我第一个想做给自己的美食是草莓口味的粉红色蛋糕。于是我把存了一阵子省下来的零用钱，买了漫画食谱、打蛋器、粉红色美耐皿深盆、过筛网、橡皮刮刀、蛋糕模、面粉、鸡蛋、糖、食用色素、草莓香精与泡打粉。然后，我将这些食材照着食谱搅拌好，放入烤箱中，念着变好吃的咒语，盯着透明玻璃门内慢慢长大的粉红色蛋糕，心中无比开心与满足。

"烤箱"是我在厨房中第一个认识的好朋友，也是我料理人生的起始。

很多友人都认为烤箱只有一种功能，叫做烤熟东西，正因这个原因，我萌生了想出一本好好述说"烤箱到底有多万能"好食谱的念头，所以，这本书诞生了。

烤箱的密闭空间，可以造就各种温度变化，只要善加利用其特性，加上对于世界料理、气味的熟稔，便能如同"魔术般"制作出餐桌上所有好吃的料理，而厨房空间却永葆清新干净。

如同书中精心设计的四个单元：美味常备小食、一烤盘两好菜、疗愈点心、时间差的丰盛美味。每道菜都无比精彩、美味却简单，让生活更添乐趣。

大家一起来，好好认识、好好使用这位烤箱好朋友吧！

目 录

Part1
美味常备小食

为日常生活情趣，设计一些常备小零食，
就能时时刻刻享用简单美味。
利用一周中的小空当，花一点小时间，
多做一些备下来。嘴馋时、朋友突然来袭时、
夜深人静睡不着时……就派上用场了！

Part2
一烤盘两好菜

平日下班时间就晚了。
想说，如果能有一种料理方式，
两道菜同时烹调，
短时间就能一起出菜，那该多好。
为了这件事，思考了许久，
所以写了这个单元，
让友人们可以轻松节省时间又不丧失美味，
日日可以回家做菜，心中没有负担。

Part: 章

Part 3
疗愈点心

点心，拥有一种魔法。
可以让自己或是所爱之人，
因为一种味道，舒缓、疗愈身心，
然后自然而然地拥有开心时光。

Part 4
时间差的丰盛美味

当我们了解了烤箱的特性，
就可以同时制作丰富多变化的料理。
根据烤箱上、下层的温度特性，
将不同质菜肴，放在适当的位置，
然后，依照所需时间的不同，
在最恰当的时刻陆续取出，美味上桌。

烤箱的烹调技巧

谁说烤箱只能烤烤甜点，烤鸡、烤肉？
好好熟悉以下的烹调技巧，也能做出煎、煮、炒、炸等各种口感与风味的料理。

蒸煮技巧

　　烤箱的蒸煮技巧，是运用烘焙纸，或铝箔纸包裹密封住食材，再利用里面的水分来蒸煮出美好的滋味。技巧的重点在于使用水分多一些的食材，例如番茄、洋葱等，另外就是添加一些液体的调味料，例如白酒、酱油、水等。

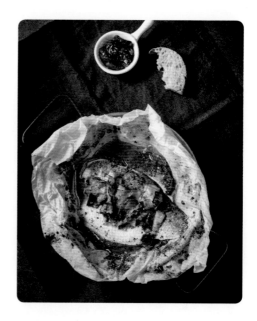

铝箔纸包裹技巧

　　将材料放在铝箔纸中间，然后将上下两端铝箔纸朝中间折，将左右两侧压密后，再朝中间折起即可。

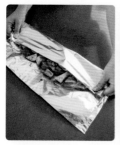  

烘焙纸包裹技巧

　　材料放在烘焙纸的中间偏上方处，接着将烘焙纸对折，然后从一端开始，将边缘的纸往内卷入，卷到另一端后，再把多余的纸卷紧即可。

焗、烤技巧

　　焗、烤是烤箱最常使用的技巧。不论是甜点、肉类……多不胜数，只要依照食谱说明，都可以做成美味的焗、烤料理。

　　其中焗类料理，通常表面都会有一层金黄的外层，想要制造这种效果又不需要太长时间的烘烤时，可以将料理移到距离上火较近的位置，这样更能快速容易地烤出金黄的效果。

技巧说明

　　使用烤箱的旋风功能，可以让焗、烤类的料理上色均匀，呈现出美味动人的金黄色泽，若移到上层，可以更快达到理想的效果。

炖、煮技巧

用烤箱来炖煮料理，真的太省心又方便了，只要将料理放入烤箱，就能优雅地等待食物炖煮完成，不用像在炉火上炖煮时一样，担心汤汁溢出、锅底烧焦、做其他事情忘记了炖煮时间，等等。不论是炖汤、煮饭，还是熬煮其他食材，都可以轻松完成。

技巧说明

运用烤箱做炖煮料理时，一定要使用耐高温且可以全锅放入烤箱的器皿，在放入烤箱前，必须把所有前置作业完成，例如爆香、炒料等动作，然后将汤汁煮滚，再盖上锅盖放入烤箱中。有些锅具没有锅盖，此时可以使用铝箔纸盖上，防止表面烧焦。

低温烘烤技巧

近几年非常流行低温烘烤机，可以制作果干、肉干等。其实，烤箱也同样拥有这项功能，只要用极低的温度，长时间烘烤，制作出来成品的效果和使用坊间的果干机一样好！

技巧说明

因为烤箱能放置的烤盘有限，如果同时要烘干多盘蔬果或肉类时，就要开启旋风功能，让烤箱的温度可以持续稳定。

煎、炸技巧

利用烤箱可做出煎、炸口感的料理，方式与在锅中做相似，都是在食材上面多加一些油脂，或使用油脂丰厚的食材，例如培根等，使料理呈现酥脆的口感，虽然看似使用比较多的油量，但仍然比直接煎或炸所使用的油少很多喔！

技巧说明

首先在食材的底部（烘焙纸）淋上充足的油，接着铺上材料，然后在食材的表面也均匀地淋上油脂，再用高温烘烤，就很容易烤出酥脆的外皮。

特殊使用

取代发酵箱

大家都知道烤箱可以烤蛋糕面包，却很少人知道，其实烤箱也可以当作发酵箱使用。只要将烤箱调在30~40℃，在面团上盖上湿布，并放置一碗沸水，烤箱就会变成湿气充足的发酵箱喔！

高温烘烤面包、披萨

对喜欢烤面包的人来说，常会觉得烤箱温度不够高，无法烤出酥脆的表皮。现在市场上出现了很多石烤盘，只要将石烤盘放入烤箱，先用最高的温度烘烤一段时间，石板温度就会变得极高，此时将面团放上，就算烤箱的温度一般，也能同样烤出意想不到的美味面包与披萨！

关于烤箱的基本常识

在使用新的烤箱时，都应该先仔细阅读说明书，
因为只有对烤箱有了充足的认识，才能找到每种食材最好的烹调方式，
除了使用上下火功能，是否还有其他的功能选择？如何清洁与保养烤箱？
有了全方位的认识，才会让每一次的烤箱经验更美好。

认识烤箱构造

外观

　　市面上售卖的烤箱外观多样，有珐琅烤漆表面、时尚镜面造型……而功能模式选择键也有简单的旋钮方式和液晶屏方式。

内部构造

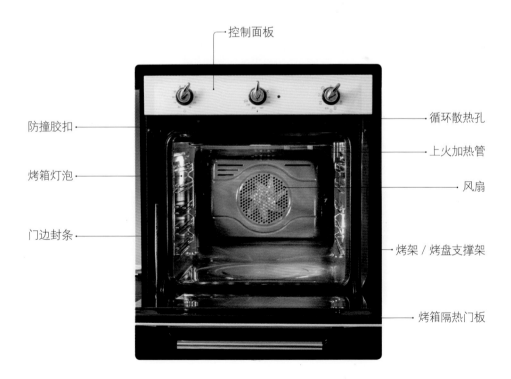

控制面板

防撞胶扣

烤箱灯泡

门边封条

循环散热孔

上火加热管

风扇

烤架／烤盘支撑架

烤箱隔热门板

控制面板

不论是旋钮方式还是液晶屏方式，控制面板大多分为：时间设定、温度设定与模式设定。有些烤箱还会有贴心的清洁模式。

时间设定　　　　　　　　温度设定　　　　　　　　模式设定

配件

大多烤箱都会附一些基本配件：

· **烤架**：在烹饪过程中，可以放置并支撑装有食物的器皿。

· **烤盘**：分为深烤盘与浅烤盘两种。深烤盘在隔水烘烤，或需要隔绝、收集食物的汤汁或油脂时使用；浅烤盘则在甜点、直接放置食物烘烤时使用。有些烤盘会附有烤盘架，可置于深烤盘中，隔绝食物渗出的汤汁或油脂。

· **披萨石烤盘**：目前市面上有些品牌的烤箱，贴心地为消费者设计了专用的石烤盘，只要将石烤盘放入烤箱特定位置，用高温加热石板，就能烤出酥脆的披萨饼皮或面包。

烤箱功能说明

上下火烘烤

上下火同时加热，适合特定的料理。由于顶部温度较高，建议将食材放置烤箱中心烘烤。适合烤任何肉类，尤其是较多油脂的鹅、鸭等，也适合烤面包、蛋糕。

上下火烘烤加旋风

传统烘烤搭配热风循环，烤箱内部能快速均匀地受热。特别适用于烤饼干、蛋糕，可一次使用多层烤架及烤盘（双层烘烤建议使用于第二及第四层）。

上火烘烤

上火烘烤适合薄型与适中型肉片，会在表面产生最佳的褐色微焦效果，可以完美料理香肠、猪肋排、培根等食材。此功能可以料理大分量的食物，特别是肉类食材。

下火烘烤

此功能专为需要再加热的食物所设计，特别适用于酥皮蛋糕或披萨。（也可用于蒸汽清洁烤箱：将少量水倒于烤箱底部凹槽，搭配下火烘烤18分钟，可让烤箱清洁变得更加容易。）

上火烘烤加旋风

由风扇产生的空气热流使上火加热更有效率，均匀受热使得食材更容易上色，上两层用于加热，下层用于保温，适合料理较厚的食物，例如厚切肉排等。

内火烘烤加旋风

通过内火循环加热，可快速且均匀地烘烤。特别适用于烘烤泡芙、蛋糕与双层披萨。

上下火烘烤加内火旋风

可同时快速烘烤多层烤架上的食物，特别适用于厚切牛排或大肉块。此功能如同旋转烤肉架，烘烤过程中食物可均匀受热，无须另外翻转食物。

　　*不同品牌的烤箱，都会有部分不同的功能，例如蒸汽清洁功能、解冻功能等。一定要仔细阅读使用说明，才会有更多惊喜喔!

清洁与保养

烤箱的清洁并不难，只要在每次使用完毕后，利用烤箱的余热，在烤箱底部倒入一碗水（亦可加柠檬），利用余热软化油脂并去除异味，待烤箱内部降到安全温度后，再拿湿布擦拭；或使用烤箱专用的清洁剂，依照说明使用清洁。而镜面的部分，则可使用餐巾纸或柔软的拭镜布擦拭（图1~图3）。

Part1
美味常备小食

为日常生活情趣，设计一些常备小零食，
就能时时刻刻享用简单美味。
利用一周中的小空当，花一点小时间，多做一些备下来。
嘴馋时、朋友突然来袭时、夜深人静睡不着时……
就派上用场了！

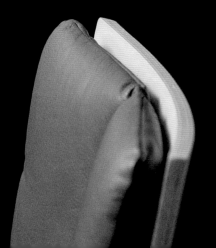

ingredients【材料】

- 白玉菇／1包
- 蟹味菇／1包
- 舞菇／1包
- 洋葱／1/2个
- 大蒜／2瓣
- 白酒／2大匙*

- 橄榄油／2大匙
- 奶油奶酪／100g
- 鳗鱼／3只
- 柠檬汁／1小匙
- 黑胡椒／1/4小匙
- 苏打饼干／适量

编者注：*一大匙=15g，一小匙=5g。

上、下火功能

温度 180℃
时间 20分钟

prepare【事前准备】

将菇类的底部硬块切除，再用手撕开；洋葱切片；大蒜拍碎备用。

1 白玉菇、蟹味菇、舞菇、洋葱、大蒜放在烤盘上，淋上白酒、橄榄油，用手拌均匀。

2 放入预热至180℃的烤箱烤约20分钟。

3 烤出焦糖香气后，取出静置放凉备用。

4 将奶油奶酪、鳗鱼、柠檬汁与黑胡椒等材料，放入料理机中。

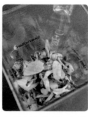

5 再放入放凉的烤菇类材料。

6 使用面糊模式，均匀打碎材料即可。

7 涂抹在苏打饼干上享用。

POINT：装罐后放冰箱冷藏，可保存3天。

香料野菇抹酱

烤箱将菇类的美味大大浓缩，
再与鳀鱼、奶酪混拌在一起，
使大家变成美味无敌的好朋友。
装罐后可放冰箱保存三天。

ingredients【材料】

- 小番茄 / 20颗
- 大蒜碎 / 1/2大匙
- 海盐 / 1小匙
- 橄榄油 / 1大匙
- 干燥罗勒 / 1/2小匙
- 橄榄油 / 适量

上、下火功能

温度 120℃
时间 60分钟

prepare【事前准备】

小番茄对切；大蒜切碎备用。

1 小番茄、大蒜碎、海盐与橄榄油拌均匀。

2 将小番茄等距地平铺在烤盘上。

3 放入预热至120℃的烤箱烘至半干。

4 趁热放入罐中，加入干燥罗勒。

5 最后倒入没过材料的橄榄油，待凉透后加盖即可放入冰箱保存，随时享用。

P0INTS 盛装用的罐子请将水分擦拭干净。放入冰箱冷藏，约可保存2星期。

罗勒油渍
番茄干

很实用的一道小料理，
可以单吃，也可以拌入沙拉，
更可以放在披萨饼皮上，
烤出美味的玛格丽特披萨。

ingredients【材料】
___

▪综合坚果/100g

香料黑糖
▪大蒜粉/1/2大匙
▪迷迭香粉/1/2大匙
▪匈牙利红椒粉/1/4小匙
▪黑糖/1/2大匙
▪盐/1小匙

上、下火
＋旋风功能
温度　160℃
时间　15分钟

prepare【事前准备】
___

将坚果平铺在烤盘上。

1 放入预热至160℃的烤箱烘烤约15分钟。

2 将香料黑糖材料搅拌均匀。

3 待烤箱中坚果香气、表面油脂释放时取出。

4 趁热拌入香料黑糖。

5 放凉装罐储存。

POINT▪ 盛装用的罐子请将水分擦拭干净。常温约可保存2星期。

坚果零食罐

每次我总会做好大一罐。
喝着冰美式咖啡、配着香料黑糖坚果，
看着一部部好看的电影。
这就是我的日常生活。

ingredients〔材料〕

- 综合坚果／250g
- 蜂蜜／50g
- 植物油／15ml
- 无盐黄油／15g
- 燕麦片／250g
- 蔓越莓干／100g
- 葡萄干／100g

上、下火
＋旋风功能

温度 170℃
时间 15分钟

prepare〔事前准备〕

将所有坚果切成粗碎粒备用。

1 蜂蜜、植物油与无盐黄油装入容器内。

2 先将油类材料放入预热中的烤箱，使其熔化并拌匀。

3 趁热拌入综合坚果与燕麦片。

4 平铺在烤盘上，放入预热至170℃的烤箱中。

5 约7分钟拿出来搅拌，再续烤8分钟即可。

6 取出放凉后，拌入所有果干即可。

POINTS 若将蜂蜜分量加倍，并使用方形烤模压密实后烘烤，即可做成市面上昂贵的能量棒（EnergyBar）。装罐后室温可保存约2星期。

燕麦蜂蜜果干

早餐与运动后的良伴，
配着冰牛奶或者是直接用汤匙挖着吃，
怎么样都能满足
想要吃得美味却又健康的内心。

ingredients{材料}

- 猪绞肉／300g
- 甜酱油／2大匙
- 香油／1/2大匙
- 蒜头粉／1/2小匙
- 孜然粉／1/2小匙
- 黑胡椒粉／1/2小匙
- 鱼露／1/2小匙

蜂蜜水
- 蜂蜜／20g
- 水／40ml

上、下火
+旋风功能
温度 180℃
时间 20分钟

1 猪绞肉与所有材料搅拌均匀，并用手搅打出黏性。

2 将猪绞肉放在烘焙纸上，上面再铺上一张烘焙纸，用擀面棍擀成约0.3cm厚度的扁圆形。

3 撕掉上方的烘焙纸，放入预热至180℃的烤箱。

4 每隔10分钟取出一次，先用纸巾吸干油水。

5 翻面，刷上薄薄的蜂蜜水（蜂蜜水材料拌匀即可）。

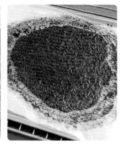

6 再放入烤箱续烤。（重复步骤4～6共2次）。

7 取出，放凉后，用剪刀剪成喜欢的大小即可。

POINTS 若肉片还有水分，可吸干、放回烤箱烤干为止，肉干放凉后，口感会变硬。放入夹链袋中室温可保存3～5天。

香料猪肉干

说实话，外面的肉干我不太敢吃，因为、因为、因为不知道到底是放进去了什么肉肉！！！

ingredients{材料}

- 红甜椒/1个
- 黄甜椒/1个
- 栉瓜*/1根
- 海盐/适量
- 月桂叶（香叶）/2片
- 香菜籽/1小匙
- 橄榄油/适量

编者注：*栉瓜，又叫作或类似于西葫芦、夏南瓜、云南小瓜。

上、下火
＋旋风功能
温度 180℃
时间 20钟

prepare{事前准备}

红、黄甜椒去蒂、去籽，切成8等份；栉瓜切成5cm的小条备用。

1 将红、黄甜椒与栉瓜整齐排列在烤盘上。

2 放入预热至180℃的烤箱。

3 烤约20分钟后取出。

4 趁热先均匀撒上海盐，静置30分钟。

5 然后排放在保鲜罐中，加入月桂叶与香菜籽。

6 再倒入刚好盖过蔬菜高度的橄榄油即可。

POINT: 放入冰箱，冷藏可保存约2星期。香菜籽可略压碎后再放入罐中，香味会更快地释出。

油渍甜椒栉瓜

烤过的甜椒，甜度被大大地释放，
吃起来好像水果，一点也不像蔬菜，
相当推荐给不喜欢蔬菜的友人们喔！

* 法国面包 / 1/2条

迷迭香芝麻酱
* 迷迭香粉 / 1/2小匙
* 大蒜粉 / 1/2小匙
* 黑芝麻粉 / 1小匙
* 橄榄油 / 1大匙
* 海盐 / 1/4小匙

上、下火
＋旋风功能

| 温度 | 120℃ / 140℃ |
| 时间 | 15分钟 / 15分钟 |

prepare{事前准备}

将法国面包切成1cm宽的片状备用。

1 法国面包片放入预热至120℃的烤箱。

2 烘烤约15分钟至表面脆硬，取出放凉。

3 将迷迭香芝麻酱所有材料搅拌均匀。

4 均匀地涂抹在面包片中间。

5 再放入预热至140℃的烤箱，烤约15分钟。

6 待法国面包烤到酥脆，即可取出放凉。

POINT: 装入密封罐中，并放入干燥剂，常温可保存1星期。

迷迭香
芝麻脆饼

迷迭香与芝麻是美味的好朋友，
香香的脆饼，
很容易一口接着一口吃得停不下来，
所以一次一定要烤很多备着，
才不会后悔喔

ingredients{材料}

- 贝果/1个
- 披萨芝士碎/60g
- 大蒜粉/1/2大匙

上、下火
＋旋风功能
温度 120℃ / 140℃
时间 20分钟 / 20分钟

prepare{事前准备}

贝果切薄片备用。

1 贝果片放入预热至
120℃的烤箱。

2 烘烤约20分钟后取
出。

3 将披萨芝士碎与大
蒜粉搅拌均匀。

4 然后将步骤3撒在贝
果片上。

5 最后放入预热至140℃的烤箱中，续烤约20分
钟即可。

POINTS 装入密封罐中，并放入干燥剂，常温可保存1星期。

大蒜香料
贝果脆片

这是一道变化版的小零食，
当贝果存放到变干且难入口时，
赶快做成贝果脆片，
大人小孩一定买单。

ingredients【材料】

- 披萨芝士碎 / 200g
- 百里香粉 / 1/2大匙
- 匈牙利红椒粉 / 1/2大匙
- 大蒜粉 / 1/2大匙

上、下火
＋旋风功能
温度 140℃
时间 20分钟

1 所有材料搅拌均匀。

2 利用模框，将披萨芝士碎均匀地铺成圆形。

3 放入预热至140℃的烤箱。

4 烘烤约20分钟后，拿出放凉即可。

POINTS　1. 烘烤前可在披萨芝士碎圆饼表面撒上干燥香芹或芝士粉来增添不同风味。
2. 可直接当小食，也可以掰碎撒在沙拉上增添口感与风味。

香脆芝士饼

香浓的芝士，变身口味浓郁的"饼干"，
当成小小伴手礼也很体面。
吃上两片，超疗愈身心，真是大满足！

ingredients【材料】

• 芒果／2个
• 奶油奶酪／250g
• 芒果汁／1小匙

上、下火
＋旋风功能
温度　70℃
时间　180分钟

prepare【事前准备】

芒果洗净后去皮，将果肉切成0.8㎝的厚片备用。

1 将芒果整齐排放在
烤盘上。

2 放入预热至70℃的
烤箱。

3 烘烤约180分钟后，
拿出放凉。

4 取芒果干3片，用剪
刀剪碎。

5 然后与奶油奶酪、芒果汁拌匀即可。

P O I N T：　盛装用的罐子请将水分擦拭干净。放入冰箱冷藏，约可保存1星期。

香浓芒果抹酱

将香气、甜味都十足的芒果烘烤脱水，
已经够美味了，更别说做成抹酱。
涂在面包上、用饼干挖着吃，
都是很棒的方法。

Part2
一烤盘两好菜

平日下班时间就晚了。想说，如果能有一种料理方式，
两道菜同时烹调，短时间就能一起出菜，那该多好。
为了这件事，思考了许久，所以写了这个单元，
让友人们可以轻松节省时间却又不丧失美味，
日日可以回家做菜，心中没有负担。

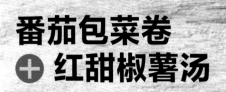

番茄包菜卷
➕ 红甜椒薯汤

这套料理，
兼具了美味蔬菜纤维与好吃蛋白质，
适合各种年龄层。
包菜卷，也很适合做便当菜喔！

番茄包菜卷

上、下火功能

温度 / 200℃
时间 / 35分钟

ingredients【材料】

- 包菜叶 / 3片
- 洋葱 / 1/2个
- 绞肉 / 200g
- 肉豆蔻粉 / 少许
- 海盐 / 1/2小匙
- 黑胡椒 / 1/2小匙
- 橄榄油 / 适量
- 番茄丁罐头 / 1罐

prepare【事前准备】

包菜取外面较大片的（尽量选择柔软的菜叶）；洋葱切碎备用。

1 包菜叶用沸水迅速烫过后，捞起沥干水分备用。

2 将绞肉、洋葱、肉豆蔻粉、海盐与黑胡椒放入大碗中。

3 全部搅拌均匀，成为内馅。

4 将包菜叶摊开，在中心处放入内馅。

5 先从下往上卷起，再将包菜叶左右两边向内折，包住内馅。

6 然后继续从下往上整个卷好。

7 收口处用牙签固定起来。

8 烤盅抹少许橄榄油。

9 先放入包菜卷，再倒入番茄丁罐头。

10 包菜卷表面淋上少许橄榄油。

11 放入预热至200℃的烤箱中。

12 烘烤约35分钟至内馅熟透即可。

红甜椒薯汤

ingredients【材料】

- 地瓜/2个
- 红甜椒/1个
- 洋葱/1/2个
- 高汤/400ml
- 原味酸奶/1大匙
- 橄榄油/1大匙
- 海盐与黑胡椒/适量

prepare【事前准备】

地瓜去皮切小块；红甜椒切块；洋葱切片备用。

1 将地瓜、红甜椒与洋葱放入预热至200℃的烤箱中。

2 烤约35分钟至地瓜熟透。

3 将烤熟的材料、高汤、原味酸奶与橄榄油放入料理机中，使用热汤模式搅打均匀。

4 再倒入汤锅中以中小火加热。

5 煮到沸腾后关火，并加入海盐与黑胡椒调味即可。

香烤鸡肉串
➕ 普罗旺斯烤蔬菜

美味的下酒菜；
大口吃肉、大口喝酒，
香料味的烤蔬菜刚好消解鸡肉串的浓味。
人生多美好～

香烤鸡肉串

上、下火功能

温度 220℃

时间 20分钟

ingredients【材料】

- 去骨鸡腿／1只
- 罐头凤梨／1片
- 烤肉竹签／2支
- 七味粉*／适量

腌肉酱汁
- 凤梨汁／2大匙
- 酱油／2大匙

编者注：*七味粉，又称七味唐辛子，是日本料理中一种混合了辣椒与其他六种不同香料的混合香料。

prepare【事前准备】

去骨鸡腿去皮切块；罐头凤梨切4等份备用。

1 将去骨鸡腿与凤梨放入腌肉酱汁中拌匀，约腌10分钟。

2 使用烤肉竹签将去骨鸡腿与凤梨串好。

3 放入预热至220℃的烤箱中。

4 烤约20分钟至去骨鸡腿熟透上色。

5 食用时撒上七味粉即可。

P O I N T： 除了罐头凤梨，也可以使用新鲜凤梨，或番茄、栉瓜等蔬菜替代。

普罗旺斯烤蔬菜

上、下火功能

温度 220℃
时间 20分钟

ingredients【材料】

- 大蒜／4瓣
- 牛番茄／1个
- 绿栉瓜*／1/2根
- 黄栉瓜*／1/2根
- 茄子／1/2根
- 洋葱／1/2个
- 月桂叶（香叶）／2片
- 干燥百里香／1小匙
- 橄榄油／3大匙
- 海盐／适量
- 黑胡椒／适量

prepare【事前准备】

大蒜拍碎；牛番茄切块；绿、黄栉瓜切块；茄子切块；洋葱切片备用。

1 将蔬菜与香料放入烤盆中，淋上橄榄油搅拌均匀。

2 放入预热至220℃的烤箱中。

3 约烤20分钟，至蔬菜烤软、烤香。

4 取出，趁热先撒上海盐拌匀调味。

5 最后撒上黑胡椒调味。

编者注：*栉瓜，又叫作或类似于西葫芦、夏南瓜、云南小瓜。

手作茴香海盐扁面包
➕ 香料肉末

想要有些异国气氛时，就做这道料理。
满满的香料气息，让人仿佛到了南太平洋岛国，
耳边也音乐缭绕。

手作茴香海盐扁面包

上、下火功能

温度 210℃
时间 12分钟

ingredients 【材料】

- 水／175ml
- 速发酵母粉／1/2小匙
- 砂糖／1/2小匙
- 中筋面粉／280g
- 海盐／1/2小匙

- 干燥茴香／1小匙
- 橄榄油／适量
- 海盐／适量
- 高筋面粉（手粉）／适量

1 水中加入速发酵母粉与砂糖，拌匀静置约10分钟，使酵母活化。

2 倒入放有中筋面粉、海盐与干燥茴香的钢盆中。

3 先在盆内用手拌成团。

4 移到桌面，将面团用手揉至表面光滑（约揉5分钟）后，放回盆中。

5 接着盖上保鲜膜。

6 静置发酵30分钟。

7 先将面团分成4等份，并将面团不整齐的切口塞入面团内部，整成圆形。

8 接着放在铺有烘焙纸的烤盘上轻轻压扁。

9 表面均匀抹上橄榄油。

POINT：若不需要和香料肉末一起入烤箱，可以直接一次烘烤4个面包。

10 再盖上保鲜膜，二次静置发酵约10分钟。

11 先将两颗面团放在烤盘一侧（另一侧空间预留放香料肉末）。

12 用手指压出凹痕，并在表面撒上少许海盐。

13 放入预热至210℃的烤箱中。

14 烘烤约12分钟即可。

香料肉末

ingredients【材料】

- 中型洋葱／1/2个
- 蒜末／1/2大匙
- 茄子／1/2根
- 红辣椒／1根
- 小番茄／10颗
- 香菜碎／1大匙
- 猪绞肉／300g
- 孜然粉／1小匙
- 香菜籽粉／1小匙
- 红椒粉／1小匙
- 海盐／1小匙
- 月桂叶（香叶）／2片
- 海盐与黑胡椒／适量
- 橄榄油／2大匙

prepare【事前准备】

洋葱切片；大蒜切末；茄子切丁；红辣椒切片；小番茄切成4瓣；香菜切碎备用。

1 将猪绞肉先与所有材料搅拌均匀（香菜碎与橄榄油除外）。

2 然后，淋上橄榄油，轻轻拌匀。

3 放入预热至210℃的烤箱。

4 烘烤约12分钟即可拿出，将肉拨松，再撒上黑胡椒与香菜碎即可。

培根香菇浓汤➕
迷迭香鸡肉马铃薯

聚会时，通常我会准备这套组合。
香浓好汤搭配香气十足的鸡肉马铃薯，
保证大家吃得好过瘾。

培根香菇浓汤

上、下火＋
炫风功能
温度 200℃
时间 30分钟

ingredients【材料】

- 综合菇类／共250g
- 培根／2片
- 洋葱／1/2个
- 迷迭香／1根
- 高汤／400ml
- 牛奶／200ml
- 橄榄油／1大匙
- 海盐与白胡椒／适量

prepare【事前准备】

将综合菇类根部切除，用手撕开；培根切小段；洋葱切片备用。

1 将综合菇类、培根、洋葱、迷迭香均匀铺在烤盘上。

2 放入预热至200℃的烤箱。

3 烘烤约30分钟后取出。

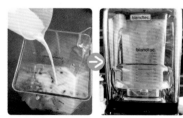

4 将烤盘内的材料放入料理机中，再加入高汤、牛奶、橄榄油，使用热汤模式搅打均匀。

5 倒入汤锅中，以中小火加热。

6 沸腾后关火，以适量海盐与白胡椒调味即可。

迷迭香
鸡肉马铃薯

上、下火＋
炫风功能

| 温度 | 200℃ |
| 时间 | 30分钟 |

ingredients【材料】

- 去骨鸡腿／3片
- 马铃薯／1个

腌汁

- 橄榄油／2大匙
- 蒜碎／1/2大匙
- 海盐／1/2大匙
- 迷迭香粉／1/2大匙
- 柠檬汁／2大匙
- 蜂蜜／20g

prepare【事前准备】

先用叉子在去骨鸡腿上插出均匀细小的洞，再切成大块；
马铃薯洗净，连皮切成适口大小；大蒜切碎备用。

1 将所有腌汁材料在烤锅内搅拌均匀。

2 再放入去骨鸡腿与马铃薯块，按摩均匀。

3 放入预热至200℃的烤箱。

4 烘烤约30分钟后取出。

夏威夷烤虾➕
香料烤奶香西蓝花

有时果酱是做菜的好朋友，
适度加入烤虾中，马上就能提升香甜味。
蔬菜多了丝滑奶香，
让不吃蔬菜的人都愿意试一试！

夏威夷烤虾

上、下火＋
炫风功能
温度 180℃
时间 20分钟

ingredients【材料】

- 带壳虾／300g
- 凤梨果酱／1大匙
- 粗粒黑胡椒／1大匙
- 百里香粉／1小匙
- 匈牙利红椒粉／1小匙
- 大蒜粉／1小匙
- 月桂叶（香叶）粉／1小匙
- 橄榄油／2大匙
- 海盐／1小匙
- 芝士粉／1小匙

prepare【事前准备】

将带壳虾剪去长须，并从第三节虾壳处，用牙签挑出虾线。

1 除虾子外，将所有香料（除芝士粉外）放入大碗中拌匀。

2 接着放入虾子，仔细搅拌，让每只虾都均匀裹上酱汁。

3 放入烤盘，再放入预热至180℃的烤箱中。

4 烘烤约20分钟。

5 上桌前撒上芝士粉即可。

香料烤奶香西蓝花

上、下火＋
炫风功能

温度 180℃
时间 20分钟

ingredients【材料】

- 西蓝花／150g
- 牛奶／100ml
- 淡奶油／100ml
- 玉米淀粉／1/2大匙
- 百里香粉／1/2小匙
- 海盐与白胡椒／适量
- 披萨芝士碎／100g

烫煮西蓝花汁
- 白酒／1大匙
- 月桂叶（香叶）／1片
- 水／500ml

1 将烫煮西蓝花的全部材料放入锅中煮沸。

2 将切成小朵的西蓝花烫熟后取出备用。

3 把牛奶、淡奶油、玉米淀粉与百里香粉加入锅中拌匀。

4 开中小火，把酱汁煮到浓稠，加入海盐与白胡椒调味。

5 再拌入烫熟的西蓝花。

6 把西蓝花连同酱汁倒入烤盅，并撒上少许白胡椒。

7 上面铺上披萨芝士碎。

8 放入预热至180℃的烤箱中。

9 烘烤约20分钟至表面金黄焦香即可。

酥烤鲭鱼➕
焗烤马铃薯

尝试将鲭鱼用烤箱方式处理，
没想到效果相当好。
鱼的油脂生成美味香气，
也让香料面包糠充满海潮气息。

酥烤鲭鱼

○ 上、下火功能

|温度| 200℃
|时间| 15分钟

ingredients{材料}

- 鲭鱼/2片
- 披萨草/1大匙
- 大蒜粉/2小匙
- 匈牙利红椒粉/2小匙
- 海盐/1/2小匙
- 白胡椒/1/2小匙

- 面包糠/40g
- 低筋面粉/2大匙
- 鸡蛋/1个

prepare{事前准备}

鲭鱼片斜刀切半备用。

1 除了低筋面粉与鸡蛋、面包糠之外，将所有材料搅拌均匀。

2 先将鲭鱼片裹上薄薄一层低筋面粉。

3 接着裹上打散的蛋液。

4 再均匀裹上香料面包糠。

5 将鲭鱼片排列在铺有烘焙纸的烤盘上。

6 放入预热至200℃的烤箱中。

7 烘烤约15分钟至表面金黄即可。

焗烤马铃薯

上、下火功能

温度　200℃
时间　15分钟

ingredients【材料】

- 马铃薯／3个
- 牛奶／250ml
- 淡奶油／250ml
- 肉豆蔻粉／1/4小匙
- 海盐与白胡椒／适量
- 披萨芝士碎／100g

prepare【事前准备】

马铃薯削皮，切成适口大小。

1 浅锅中放入马铃薯、牛奶、淡奶油、肉豆蔻粉与少许海盐、白胡椒，以中小火将马铃薯煮透。

2 表面撒上披萨芝士碎。

3 将浅锅放在烤盘上。

4 放入预热至200℃的烤箱中。

5 烤约15分钟，表面金黄焦香即可。

自制野菇披萨
➕ 番茄罗勒浓汤

今天的餐桌上出现了意大利菜！
原来自制披萨一点都不难，
只要好好地揉面团，
其他的都交给烤箱就好了。

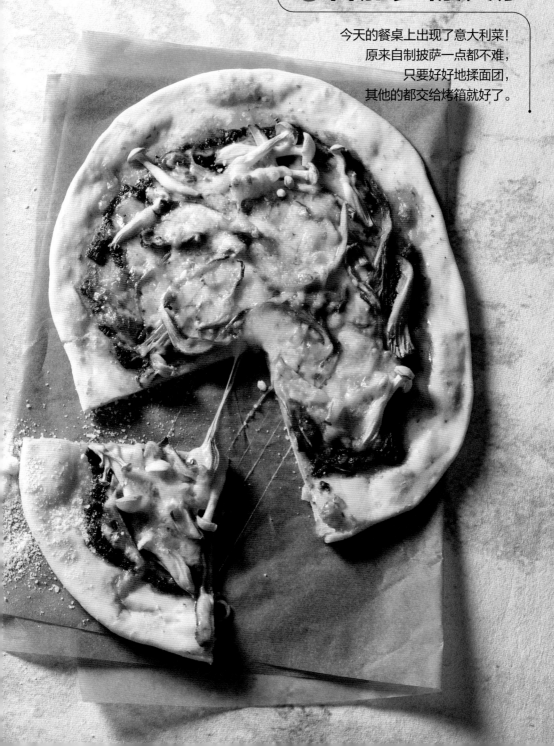

自制野菇披萨

上、下火+炫风功能
温度 220℃
时间 15分钟

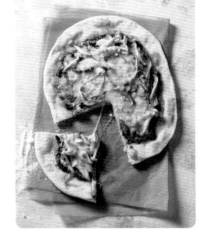

披萨饼皮
- 水／175ml
- 速发酵母粉／1/2小匙
- 砂糖／1/2小匙
- 中筋面粉／280g
- 盐／1/2小匙

- 干燥迷迭香／1小匙
- 高筋面粉（手粉）／适量

野菇材料
- 菇类2~3种／适量
- 橄榄油／2.5大匙

- 披萨番茄酱／3大匙
- 黑胡椒／适量
- 披萨芝士碎／50g
- 意大利香料／1/2小匙
- 干燥迷迭香／1小匙

prepare〔事前准备〕

将菇类材料根部切除，用手撕开备用。

1 水中加入速发酵母粉、砂糖，拌匀静置10分钟待酵母活化。

2 钢盆中，先放入中筋面粉、盐与干燥迷迭香拌匀。

3 中间挖一个洞，倒入酵母水。

4 先用手拌成一团，接着移到桌面，将面团揉至表面光滑（约揉5分钟），再放回钢盆中。

5 表面盖上湿布与一碗沸水同时放入预热至50℃的低温烤箱中。

6 静置发酵约20分钟。

7 将面团分成两等份，将一份面团放在烤盘一侧先擀开。

8 在表面用叉子叉洞。

9 接着均匀涂上橄榄油。

10 然后抹上适量披萨番茄酱。

11 撒上少许黑胡椒，并铺上少许披萨芝士碎、意大利香料、干燥迷迭香，再均匀铺上菇类材料。

12 再铺上披萨芝士碎。

13 最后表层淋上少许橄榄油。

14 放入预热至220℃的烤箱中。

15 烘烤约15分钟至披萨芝士碎呈金黄色即可。

番茄罗勒浓汤

ingredients【材料】

- 洋葱／1/2个
- 西芹／1根
- 胡萝卜／1小段
- 培根／2片
- 大蒜／2瓣
- 整粒番茄罐头／1罐
- 干燥罗勒／1/2大匙
- 高汤罐头／1罐
- 海盐／1/2大匙

prepare【事前准备】

洋葱切粗丁；西芹切小段；胡萝卜切小块；培根切4片备用。

1 所有材料放入料理机中搅打细滑。

2 装入小汤碗中，再放在烤盘上。

3 放入预热至220℃的烤箱中，烘烤15分钟即可。

POINT：享用时，可以撒上黑胡椒并淋上橄榄油，风味更圆润。

香脆玉米肉派➕
胡萝卜香草莓果沙拉

烤过的胡萝卜，腥味全部不见了，
留下来的是香甜口感。
搭配料多实在的玉米肉派，
真是好可口，吃在嘴里，觉得好有口福啊！

香脆玉米肉派

上、下火功能

温 度 200℃
时 间 15分钟

ingredients【材料】

- 洋葱／1/2个
- 青椒／1/2个
- 猪绞肉／300g
- 玉米罐头／1罐
- 番茄罐头／1罐
- 橄榄油／1大匙
- 辣椒粉／1小匙
- 匈牙利红椒粉／1/4小匙
- 孜然粉／1/2小匙
- 多香果粉*／1/4小匙
- 海盐／1/2小匙
- 黑胡椒／1/4小匙
- 早餐玉米脆片／适量

prepare【事前准备】

洋葱切碎；青椒切碎备用。

1 除早餐玉米脆片外，其他所有材料放入钢盆中。

2 将所有材料搅拌均匀。

3 接着装入耐热的大烤盅。

4 将烤盅放在烤盘一侧。

5 放入预热至200℃的烤箱中。

6 烘烤约10分钟。

7 取出，撒上早餐玉米脆片。

8 再放回烤箱，续烤5分钟即可。

编者注：*又称牙买加黑胡椒。

胡萝卜
香草莓果沙拉

上、下火功能

温度 200℃
时间 10分钟

ingredients【材料】

- 胡萝卜／1根
- 综合莓果／50g
- 白酒／适量

淋酱
- 柠檬汁／3大匙

- 综合莓果白酒汁／2大匙
- 初榨橄榄油／200ml
- 海盐／1小匙
- 百里香粉／1/2小匙
- 香菜叶／1株

1 胡萝卜放在烤盘上。

2 放入预热至200℃的烤箱中。

prepare【事前准备】

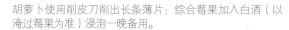

胡萝卜使用削皮刀削出长条薄片；综合莓果加入白酒（以淹过莓果为准）浸泡一晚备用。

3 烘烤约10分钟，浓缩风味。

4 将淋酱材料（除了香菜叶外），装入玻璃瓶中。

5 盖上盖子，充分摇晃直到呈现乳化状。

6 将胡萝卜与香菜叶放入大碗中，淋入酱汁抓匀。

7 装入漂亮的盘子，最后放入酒渍综合莓果即可。

焗烤咖喱意大利面
➕ 西蓝花马铃薯浓汤

咖喱意大利面是一种和洋料理*的概念，
搭配着西蓝花马铃薯浓汤，
出乎意料地好协调。

编者注：*指日西合璧的料理。

焗烤咖喱意大利面

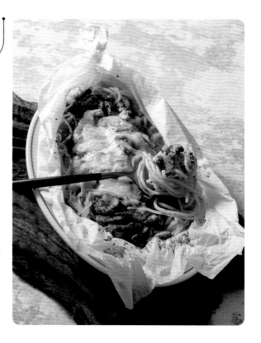

上、下火＋炫风功能
温度 220℃
时间 30分钟

ingredients 〔材料〕

- 培根／2片
- 茄子／1/2根
- 大蒜碎／1大匙
- 意大利面／150g
- 白酒／1大匙
- 整粒番茄罐头／100g
- 披萨草／1/2小匙
- 肉豆蔻粉／1/3小匙
- 咖喱粉／1大匙
- 海盐／1/2小匙
- 黑胡椒／1/2小匙
- 橄榄油／1/2大匙
- 烘焙纸／1张
- 披萨芝士碎／50g

prepare 〔事前准备〕

培根切小段；茄子切丁；大蒜切碎备用。

1 依照包装盒上的指示，将意大利面煮熟后，沥干水分备用。

2 除披萨芝士碎外，将其余所有材料搅拌均匀。

3 准备烘焙纸，先放入意大利面，上面再铺满咖喱材料。

4 折好烘焙纸，并将两侧卷紧如糖果状。

5 放入预热至220℃的烤箱中。

6 烘烤约20分钟后取出（10分钟时，先取出西蓝花马铃薯浓汤材料）。

7 打开烘焙纸，放上披萨芝士碎。

8 再放回烤箱，续烤10分钟至披萨芝士碎熔化即可。

西蓝花马铃薯浓汤

上、下火+
炫风功能

温度 220℃
时间 10分钟

ingredients【材料】

- 西蓝花/1/2个
- 马铃薯/2个
- 洋葱/1/2个
- 干燥百里香/1小匙
- 橄榄油/1大匙
- 高汤/400ml
- 原味酸奶/1大匙
- 海盐与白胡椒/适量

prepare【事前准备】

西蓝花切小块，去除茎部硬皮；马铃薯削皮，切小块；洋葱切片备用。

1 将西蓝花、马铃薯、洋葱与干燥百里香放入盆中，淋上橄榄油拌匀后，铺放在烤盘上。

2 放入预热至220℃的烤箱中。

3 烘烤约10分钟至蔬菜香甜。

4 从烤箱中拿出再放入料理机中，加入高汤与原味酸奶，以热汤模式搅打均匀。

5 接着倒入汤锅中，以中小火加热。

6 沸腾后关火，使用海盐与白胡椒调味即可。

甜茴香四季豆浓汤
+辣味香烤茄子
+库斯库斯

香辣够味，喜爱口味刺激的友人们，
一定要试试。
搭配爽朗的库斯库斯一起食用，
更喝口浓汤，味波刺激又饱口的，餐

甜茴香四季豆浓汤

上、下火＋
炫风功能
温度 180℃
时间 20分钟

ingredients 〔材料〕

- 四季豆／200g
- 高汤／400ml
- 洋葱／1个
- 海盐与白胡椒／适量
- 茴香籽／1大匙
- 橄榄油／1大匙

prepare 〔事前准备〕

四季豆去除头尾；洋葱切片备用。

1 将四季豆、洋葱与茴香籽，放在烤盘上，淋上橄榄油拌匀。

2 放入预热至180℃的烤箱，烤约20分钟。

3 从烤箱中拿出再放入料理机中，倒入高汤，以热汤模式搅打均匀。

4 倒入汤锅中，以中小火加热至沸腾后关火。

5 最后用海盐与白胡椒调味即可。

辣味香烤茄子

ingredients【材料】

- 茄子／1根

辣味酱料
- 大蒜碎／1大匙
- 茄汁黄豆罐头／1/2罐
- 番茄酱／1大匙

- 番茄糊／1大匙
- 匈牙利红椒粉／1小匙
- 辣椒粉／1小匙
- 海盐／1小匙
- 橄榄油／1大匙

prepare【事前准备】

茄子切长段后，再横剖，大蒜切碎备用。

1 除茄子与橄榄油外，其余材料搅拌拌匀，成辣味酱料。

2 茄子放在烤盘上，铺上辣味酱料，再淋上少许橄榄油。

3 放入预热至180℃的烤箱，烤20分钟至茄子软即可。

库斯库斯

ingredients【材料】

- 香菜碎／2珠
- 柠檬皮碎／半颗
- 库斯库斯＊／160g
- 海盐／1/2小匙

- 沸水／180ml
- 橄榄油／1小匙
- 柠檬汁／1大匙

prepare【事前准备】

香菜切碎；柠檬取皮碎备用。

1 将库斯库斯、柠檬皮碎、海盐，放入盆中。

2 倒入沸水，并淋上橄榄油，盖上盖子5分钟。

3 最后用叉子拨松，再拌入柠檬汁与香菜碎即可。

编者注：＊俗称非洲小米，形状和色泽近似小米，但其实是由粗面粉或玉米制成，并非米食，又可意译为粗麦粉。

迷迭香甜菜根沙拉
+芝士卡仕达
+鳀鱼吐司

酥脆咸香的吐司沾裹着滑顺的卡仕达酱，
味道丰富，好吃得让人吮指回味。
清新却有滋味的甜菜根沙拉，为这餐饭画下完美的句点。

迷迭香甜菜根沙拉

上、下火＋
炫风功能

温度 170℃
时间 20分钟

ingredients〔材料〕

- 彩色甜菜根／300g
- 坚果碎／1大匙
- 新鲜迷迭香／2根

淋酱
- 橄榄油／100ml

- 海盐／2小匙
- 红酒醋／2大匙
- 黑胡椒／适量
- 迷迭香／1根

prepare〔事前准备〕

彩色甜菜根切块；坚果切碎；淋酱用
的迷迭香取叶，切碎备用。

1 彩色甜菜根与
新鲜迷迭香放
入烤盘一侧。

2 放入预热至
170℃的烤箱，
烘烤约20分
钟。

3 取出彩色甜菜
根与所有淋酱
材料（除迷迭
香外）拌匀。

4 最后加入坚果
碎与新鲜迷迭
香叶碎，轻拌
即可。

芝士卡仕达

ingredients〔材料〕

- 淡奶油／150ml
- 牛奶／150ml
- 蛋黄／2颗
- 芝士粉／50g

- 黑胡椒／少许
- 红椒粉／少许

1 将所有材料搅拌均匀，装入布丁盅。

2 将烤盅放入深烤钵中，并注入沸水至烤钵1/2高处。

3 放在烤盘一侧，再放入预热至170℃的烤箱中。

4 烘烤约20分钟至卡仕达凝固即可。

鳀鱼吐司

ingredients〔材料〕

- 吐司／2片
- 鳀鱼／3只
- 无盐黄油／20g
- 黑胡椒／1/8小匙
- 红椒粉／1/8小匙

prepare〔事前准备〕

吐司切宽条备用。

1 将吐司外的其余材料搅拌均匀。

2 均匀地涂抹在吐司上。

3 放入预热至170℃的烤箱，烘烤约20分钟，至香酥金黄即可。

POINT 若吐司呈现金黄色，即可提早取出，同烤盘的其他料理再放回烤箱继续烘烤。

迷迭香腰果浓汤
＋切达乳酪烤面包

迷迭香腰果浓汤与烤面包，
刚好解决了有点饿，
想吃点好吃的，
却又不想负担太大的一顿饭。

迷迭香腰果浓汤

上、下火功能

温度 210℃
时间 15分钟

ingredients【材料】

- 培根／2片
- 马铃薯／2个
- 洋葱／1/2个
- 腰果／50g
- 迷迭香粉／1小匙
- 高汤／400ml
- 海盐与白胡椒／适量

prepare【事前准备】

培根切小段；马铃薯切小块泡水；洋葱切薄片备用。

1 将培根、马铃薯、洋葱、腰果与迷迭香粉拌均匀。

2 倒入深烤盘中，再放在烤盘一侧。

3 放入预热至210℃的烤箱中。

4 烘烤约15分钟至马铃薯熟透。

5 取出放入料理机中，并倒入高汤。

6 开启热汤模式功能，将材料仔细搅打均匀。

7 倒入汤锅中，以中小火加热至沸腾后关火。

8 最后以海盐与白胡椒调味即可。

切达乳酪烤面包

上、下火功能

温度 210℃
时间 15分钟

ingredients【材料】

- 切达乳酪／200g
- 水／175ml
- 速发酵母粉／1/2小匙
- 砂糖／1/2小匙
- 中筋面粉／280g
- 盐／1/2小匙
- 高筋面粉（手粉）／适量

prepare【事前准备】

切达乳酪切小块备用。

1 水中加入速发酵母粉、砂糖，拌匀静置10分钟，待酵母活化。

2 钢盆中，先放入中筋面粉、盐，并倒入酵母水拌匀成团。

3 接着移到桌面，用手将面团揉至表面光滑（约揉5分钟），再放回钢盆中。

4 表面盖上湿布，与一碗沸水同时放入预热至50℃的低温烤箱中。

5 静置发酵约20分钟后，取出，分成两等份后滚圆。

6 放在烘焙纸上轻压扁，再盖上保鲜膜，二次发酵约10分钟。

7 均匀放上切达乳酪块。

8 放入预热至210℃的烤箱中，烤约20分钟即可。

海鲜泡菜煎饼 + 香料马铃薯

烤箱制作出的海鲜泡菜煎饼，
多了风味与口感，少了油腻，
恰恰满足我想多份健康却不想放弃美味的心意，

真好。

海鲜泡菜煎饼

○ 上、下火功能

温度 200℃
时间 20分钟

ingredients【材料】

- 蟹肉棒 / 4条
- 韭菜 / 2枝
- 草虾 / 5只
- 披萨芝士碎 / 20g
- 烘焙纸 / 1张
- 七味粉* / 适量

面糊

- 中筋面粉 / 100g
- 糯米粉 / 2大匙
- 盐 / 1/4小匙
- 砂糖 / 1/2小匙
- 水 / 100ml
- 鸡蛋 / 1个
- 香油 / 少许

prepare【事前准备】

蟹肉棒剥丝；韭菜切段备用。

1 草虾去壳去虾线，用纸巾吸干水分。

2 将中筋面粉、糯米粉、盐、砂糖先拌匀，再加入水搅拌成糊状。

3 接着再加入鸡蛋搅拌均匀。

4 将虾仁、蟹肉棒丝与韭菜、披萨芝士碎拌入面糊中。

5 烘焙纸一侧先淋上香油。

6 倒入海鲜面糊摊平后，再淋少许香油。

7 放入预热至200℃的烤箱中。

8 烘烤20分钟后取出，撒上七味粉即可。

编者注：*七味粉，又称七叶唐辛子，是日本料理中一种混合了辣椒与其他六种不同香料的混合香料。

香料马铃薯

上、下火功能

| 温度 | 200℃ |
| 时间 | 30分钟 |

ingredients【材料】

- 马铃薯/2个

综合香料
- 大蒜/6瓣
- 迷迭香粉/1/2小匙
- 卡宴辣椒粉*/1/2小匙
- 香菜籽粉/1/2小匙

- 小茴香粉（或孜然粉）/1/2小匙
- 肉桂棒/1/2支
- 海盐/1小匙
- 橄榄油/1大匙
- 铝箔纸/1张

prepare【事前准备】

马铃薯带皮切块；大蒜拍碎备用。

1 所有材料放入钢盆中搅拌均匀。

2 摊开铝箔纸，在中间放入材料。

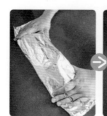

3 包好折起，将左右两侧压密实后，往内折入。

4 放入预热至200℃的烤箱中，烤约20分钟。

5 先将旁边的海鲜煎饼取出，再打开铝箔纸。

6 放回烤箱续烤约10分钟即可。

编者注：*辣度高的正红色香料，是墨西哥、印度美食中很常用的香料。

烤地瓜香醋沙拉
➕苹果芹菜汤

好吃又健康有趣的搭配组合，
很适合运动后，
作为让身体好好恢复元气的小点。

烤地瓜香醋沙拉

上、下火功能
温度 200℃
时间 25分钟

ingredients【材料】

- 地瓜／1个
- 生菜／适量
- 洋葱／1/4个
- 橄榄油／1大匙
- 砂糖／1大匙

酱汁
- 意大利香醋／1大匙
- 海盐／1/2小匙
- 砂糖／1/2小匙
- 橄榄油／2大匙

prepare【事前准备】

地瓜去皮切长条状；生菜用手剥成容易食用的大小；洋葱切丝备用。

1 将切条的地瓜淋上橄榄油拌匀。

2 然后撒上砂糖，搅拌均匀。

3 将调味好的地瓜放入烤盘中。

4 接着放入预热至200℃的烤箱中。

5 烘烤约25分钟至地瓜熟透后取出。

6 盘中先摆上生菜与洋葱丝。

7 然后放上地瓜条。

8 把酱汁材料搅拌均匀淋上即可。

苹果芹菜汤

上、下火功能

温度	200℃
时间	25分钟

ingredients【材料】

* 苹果 / 1个
* 洋葱 / 1/2个
* 西芹 / 1根
* 干燥鼠尾草香料 / 1/2大匙
* 橄榄油 / 少许
* 高汤 / 400ml
* 牛奶 / 200ml
* 海盐 / 1/2大匙
* 白胡椒 / 适量

prepare【事前准备】

苹果削皮去核，切丁；洋葱切丁；西芹削皮切丁备用。

1 将苹果、洋葱、西芹、干燥鼠尾草香料放入钢盆，淋上少许橄榄油拌均匀。

2 将拌好的苹果等材料放入烤盘中。

3 接着放入预热至200℃的烤箱中。

4 烘烤约25分钟后取出。

5 把烤好的苹果西芹等放入料理机中。

6 再加入高汤与牛奶，使用热汤模式搅打均匀。

7 然后，倒入锅中，以中小火煮至滚沸。

8 最后加入海盐与白胡椒粉调味即可。

香烤小茴香厚吐司
➕ 洋葱花菜沙拉

一定要试试的暖沙拉，
烤过的洋葱与花菜，
真的与馨香料、白酒醋很合味。
香甜浓厚又爽口啊！

香烤小茴香厚吐司

上、下火功能

温度 200℃
时间 5~8分钟

ingredients〔材料〕

- 厚片吐司／1片
- 有盐黄油／40g
- 黑胡椒／1/8小匙
- 孜然粉／1/4小匙

1 将厚片吐司一面切出井字状，不切断。

2 把有盐黄油、黑胡椒与孜然粉搅拌均匀成调味黄油。

3 均匀地涂抹在厚片吐司切口内与表面上。

4 置于烤盘上。

5 接着放入预热至200℃的烤箱中。

6 烤5~8分钟，至香酥金黄即可。

POINTS： 要将吐司的切口缝隙内都均匀地抹上调味黄油，这样烤出来的吐司，由内而外都有好味道。

洋葱花菜暖沙拉

上、下火功能

温度 200℃
时间 20分钟

ingredients{材料}

- 去骨鸡腿/1片
- 花菜/200g
- 洋葱/1/2个
- 红葱头/3个
- 葛缕子/1/2大匙
- 白酒醋/2大匙
- 芥末籽/1/2大匙
- 海盐/1小匙
- 黑胡椒/1小匙
- 橄榄油/3大匙

prepare{事前准备}

去骨鸡腿切长条；花菜切小朵，去除茎部硬皮；洋葱切片；红葱头切片备用。

1 所有材料放入钢盆中。

2 轻轻地搅拌均匀。

3 接着铺放在烤盘中。

4 放入预热至200℃的烤箱。

5 烘烤约20分钟即可。

Part3
疗愈点心

点心，拥有一种魔法。
可以让自己或是所爱之人，
因为一种味道，舒缓、疗愈身心，
然后自然而然地拥有开心时光。

ingredients【材料】

- 梨子／2个
- 无花果干／2个
- 原味酸奶／150g
- 牛奶／150ml
- 鸡蛋／2个
- 砂糖／100g
- 肉桂粉／1/4小匙

上、下火功能

| 温度 | 200℃ |
| 时间 | 30分钟 |

prepare【事前准备】

梨子削皮后，切除梨心，切小块；无花果干切小块备用。

1 先将原味酸奶、牛奶、鸡蛋、砂糖与肉桂粉一起搅拌均匀。

2 将水梨与无花果干放入烤碗。

3 淋入调味牛奶。

4 放入预热至200℃的烤箱中。

5 烘烤30分钟至表面金黄即可。

POINT：除了无花果干，不妨试试在朗姆酒中浸渍过的葡萄干，香甜的葡萄酒液因为加热渗透到旁边的蛋汁中，是一大惊喜！

梨子无花果克拉芙缇

这道甜点，可以因季节，
选择吃热的或是吃冰的，都相当可口。
客人多时，
也可以制作成一人一盅。

GOOD MEMORIES

ingredients【材料】

- 板栗南瓜(贝贝南瓜)/300g
- 苹果/2个
- 大蒜/6瓣
- 月桂叶（香叶）/4片

酱料

- 白酒（不甜的）/60ml
- 现磨黑胡椒/适量
- 月桂叶（香叶）粉/1小匙
- 海盐/1小匙
- 橄榄油/100ml

上、下火功能

温度 200℃
时间 40分钟

prepare【事前准备】

板栗南瓜带皮切成大块；苹果削皮后切成瓣；大蒜拍裂备用。

1 把所有酱料的材料搅拌均匀。

2 接着将全部蔬果与酱料放入深烤盘里，轻拌均匀。

3 放入预热至200℃的烤箱中。

4 烘烤约40分钟，直到板栗南瓜熟透即可。

POINT: 板栗南瓜也可以使用其他品种的南瓜取代，只要带甜味且水分较少的南瓜品种都可以。苹果要选用酸脆的品种，烤出来才不会变得湿软粉烂。

月桂海盐
烤南瓜苹果

甜甜咸咸的口味，一直很吸引我，
感觉是两个极端的味道，
却又和谐地住在一起。
就像这道料理一样。

ingredients【材料】

- 无盐黄油 / 80g
- 高筋面粉 / 225g
- 泡打粉 / 2小匙
- 苏打粉 / 1/2小匙
- 盐 / 1/2小匙
- 砂糖 / 30g
- 帕玛森芝士粉 / 2大匙
- 淡奶油 / 80ml
- 酸奶 / 100g
- 牛奶 / 适量

上、下火＋
旋风功能
温度 180℃
时间 20~25分钟

prepare【事前准备】

无盐黄油切小丁备用。

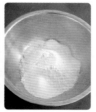

1 先将高筋面粉、泡打粉、苏打粉、盐、砂糖混合均匀。

2 加入无盐黄油丁，用手指搓揉成沙状。

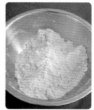

3 再加入帕玛森芝士粉、淡奶油与酸奶混合成面团。

4 面团整形后，用手压成3cm厚。

5 先在杯口边缘一圈沾上面粉，再压出圆形面团。

6 整齐排列在烤盘上，表面涂上牛奶，撒上少许帕玛森芝士粉。

7 放入预热至180℃的烤箱中。

8 烘烤20~25分钟。

POINTS 面团不宜过度搅拌，口感会变硬。

帕玛森比司吉

比司吉与司康是很像的点心，
只是一个是美国人，一个是英国人（笑）。
只有一个诀窍：
不要过度搅拌。

ingredients【材料】

- 苹果／2个
- 铝箔纸／2张
- 白酒／2小匙
- 蜂蜜／2小匙
- 无盐黄油／2小块
- 肉桂棒／2支

上、下火功能

| 温度 | 200℃ |
| 时间 | 30分钟 |

prepare【事前准备】

苹果用去核器挖除果核。

1 将苹果放在铝箔纸上，倒入白酒、蜂蜜。

2 接着放入无盐黄油块。

3 再插上肉桂棒。

4 包紧铝箔纸，等距置于烤盘中。

5 放入预热至200℃的烤箱中。

6 烤约30分钟至苹果香软即可。

POINTS 这道甜点无论是冰冰地吃，还是热热地吃都很美味。上桌时，不妨再配上一球香草冰淇淋，滋味更美妙！

烤蜂蜜苹果

一直追求简单的美味：
做法简单、素材简单，
却创造出想一口接着一口吃光的冲动。

ingredients{材料}

- 苹果 / 1个
- 梨子 / 1个
- 水 / 2大匙
- 黄砂糖 / 75g
- 葡萄干 / 50g
- 蜂蜜 / 1大匙
- 朗姆酒 / 2大匙

奶酥
- 中筋面粉 / 75g
- 燕麦片 / 30g
- 泡打粉 / 1/2小匙
- 肉桂粉 / 1/2小匙
- 无盐黄油 / 75g
- 红糖 / 60g

上、下火＋
旋风功能
温度 180℃
时间 30分钟

prepare{事前准备}

苹果与梨子削皮，切除果核，切片备用。

1 除奶酥材料外，将所有材料搅拌均匀。

2 接着平铺在深烤盘中。

3 放入预热至200℃的烤箱中，烘烤15分钟。

4 此时，将所有奶酥材料放入盆中，用手搓揉至粗沙状。

5 取出烘烤约15分钟的水果。

6 将奶酥材料均匀地撒在水果上，再放回烤箱中续烤15分钟，直到奶酥香脆可口。

POINTS 使用季节水果做点心是最棒的一件事，草莓、蓝莓、芒果……都来实验看看，做出属于自家的好味！

肉桂水果奶酥

很多好吃的点心，
都有一个潜规则，
就是在一道料理中同时呈现两种极端的口感，
就像这道甜点一样，堪称绝品。

ingredients【材料】

- 冷冻起酥片／4片
- 芝士粉／2大匙

蛋奶液
- 鸡蛋／1个
- 牛奶／2大匙

橄榄酱
- 鳀鱼／3只
- 芥末籽／1大匙
- 去籽黑橄榄／50g
- 迷迭香粉／1小匙
- 橄榄油／20ml

上、下火＋
旋风功能

温度 200℃
时间 15分钟

1 将橄榄酱所有材料，放入料理机中打碎备用。

2 冷冻起酥片先涂上薄薄的蛋奶液。

3 铺上橄榄酱，再撒上芝士粉。

4 接着盖上另一片起酥片，稍微压紧。

5 将芝士片切成约3cm宽的长条。

6 抓起长条两端，往不同方向扭转拉长，放在烤盘上。

7 再轻涂上蛋奶液。

8 然后撒上芝士粉。

9 放入预热至200℃的烤箱中。

10 烘烤约15分钟至金黄香酥即可。

POINTS 除了黑橄榄外，绿橄榄与九层塔都可以试试。

橄榄酱乳酪条

很适合搭配小酒的一道点心，
一口咸香、一口小酒，
诉说着你我的好交情……

派皮
- 冷冻派皮／4片

糖煮苹果
- 苹果／1个
- 白糖／30g
- 柠檬汁／2大匙
- 白酒／2大匙
- 水／适量

蛋糕干性材料
- 低筋面粉／200g
- 泡打粉／2小匙
- 盐／少许

蛋糕湿性材料
- 无盐黄油／90g（室温）

- 砂糖／100g
- 酸奶／1大匙
- 鸡蛋／2个（室温）
- 牛奶／90ml（室温）
- 糖煮苹果／6瓣（每瓣切成2~3块）
- 肉桂粉／少许

上、下火＋旋风功能

温度 200℃／190℃
时间 10分钟／25分钟

prepare{事前准备}

苹果削皮后，切成6瓣备用。

1 将冷冻派皮铺在杯模中，铺上烘焙纸，放入烘焙重石，放入预热至200℃的烤箱中烤10分钟，拿出冷却至微温。

2 将糖煮苹果材料放入锅中，加入刚好盖过苹果的水，以微火炖煮10分钟。

3 关火放凉后，再将苹果切小块备用。

4 将蛋糕材料中的干性材料混合后，过筛备用。

5 接着把湿性材料中的无盐黄油与砂糖，用搅拌机打发。

6 先加入酸奶拌匀，再将打散的蛋液分3次倒入，每次都要搅拌均匀。

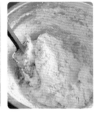

7 加入1/3份量的干性材料，使用刮刀轻轻拌入。

8 趁面糊带粉状时，倒入1/2份量的牛奶拌匀。

9 重复步骤7~8，最后加入剩余的1/3干性材料拌匀。

10 将蛋糕面糊填入派皮至1/2高度处，再放入糖渍苹果块。

11 再填入蛋糕面糊至八分满，再放上糖煮苹果块，最后撒上肉桂粉。

12 放入预热至190℃的烤箱中，烘烤约25分钟即可。

苹果派蛋糕

好吃的煮苹果与蛋糕，
填入了酥皮派皮中。
松软香甜又酥松，真的好疗愈。

ingredients【材料】

- 南瓜/300g
- 洋葱/1/2个
- 大蒜碎/1大匙
- 匈牙利红椒粉/1小匙
- 干燥鼠尾草香料/1小匙
- 帕玛森干酪/30g

- 市售冷冻酥皮/1盒
- 甘栗仁（已剥壳）/1袋
- 鸡蛋/1个（打散）

上、下火＋
旋风功能

温度 200℃/200℃
时间 20分钟/
20～25分钟

prepare【事前准备】

南瓜去皮切小块；洋葱切碎；大蒜切碎备用。

1 将南瓜、洋葱碎、大蒜碎、匈牙利红椒粉、干燥鼠尾草香料一起放入铝箔纸内。

2 铝箔纸四边都包好，尽量密合。

3 放入预热至200℃的烤箱中，烘烤20分钟。

4 将烤好的材料放入料理机中，并加入帕玛森干酪。

5 开启热汤模式功能，搅打成南瓜蔬菜泥馅。

6 准备酥皮，填上南瓜蔬菜泥，再放上甘栗仁。

7 在酥皮边缘处先刷少许蛋液。

8 对折后，再用叉子压密合。

9 用刀子在表面斜划两刀。

10 接着再刷上蛋液。

11 放入预热至200℃的烤箱中烘烤。

12 烘烤20～25分钟至金黄酥脆即可。

栗子点心酥

这是一道，想吃只能自己做的点心，
因为没有人在卖（笑）。
松软的栗子被香料南瓜包起当馅料。
每一口都好惊喜！

ingredients【材料】

- 带籽黑橄榄／10颗
- 油渍番茄干／1个
- 室温鸡蛋／3个
- 橄榄油／4大匙
- 牛奶／2大匙
- 披萨草／1/2小匙
- 海盐／1小匙
- 黑胡椒／1小匙

干粉材料

- 低筋面粉／100g
- 高筋面粉／50g
- 泡打粉／2小匙

上、下火功能

温度　180℃
时间　20分钟

prepare【事前准备】

带籽黑橄榄去核后切碎；油渍番茄干切碎。

1 把干粉材料混合均匀后，过筛备用。

2 取一钢盆，先将室温鸡蛋打散。

3 再加入其他所有材料搅拌均匀。

4 接着加入筛好的干粉材料。

5 以橡皮刮刀轻轻搅拌拌匀。

6 将面糊平均地倒入纸模中。

7 放入预热至180℃的烤箱中。

8 烘烤约20分钟即可。

POINT 油渍番茄干做法可参考第24页"罗勒油渍番茄干"做法。

意大利
咸味蛋糕

很适合佐餐的咸蛋糕，
搭配一碗好汤，
也可以变成一餐好轻食，
美味又没有负担。

ingredients{材料}

- 红甜椒／1/2个
- 无盐黄油／80g
- 淡奶油／80ml
- 原味酸奶／100g

干粉材料
- 高筋面粉／225g
- 泡打粉／2小匙
- 苏打粉／1/2小匙
- 盐／1/2小匙
- 砂糖／30g
- 迷迭香粉／1小匙
- 匈牙利红椒粉／1/2大匙

蛋黄牛奶液
- 蛋黄／1颗
- 牛奶／1大匙

上、下火＋
旋风功能
温度 180℃
时间 20～25分钟

prepare{事前准备}

红甜椒切小丁；无盐黄油切小丁备用。

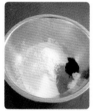

1 先将干粉材料混合均匀。

2 然后加入无盐黄油丁。

3 用手指搓揉成沙状。

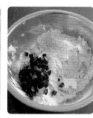

4 加入淡奶油、原味酸奶与甜红椒丁混合成面团。

5 面团整形后，用手压成约3cm厚的扁圆形。

6 杯口先沾少许面粉，再压出圆形面团。

7 整齐排列在烤盘上，表面涂上蛋黄牛奶液。

8 放入预热至180℃的烤箱中，烘烤20~25分钟。

烟熏红甜椒司康

很奇妙的组合，
将匈牙利红椒粉制作成点心。
带点成人式的烟熏味，
感觉很微妙。

Part4
时间差的丰盛美味

当我们了解了烤箱的特性
就可以同时处理丰富多变化的料理。
根据烤箱上、下层的温度特性，
将不同质菜肴放在适当的位置
然后，依照所需时间的不同，
在最恰当的时刻陆续取出，
美味上桌。

上、下火＋
旋风功能

| 温度 | 180℃ |
| 时间 | 15分钟 |

香料烤猪梅花
➕法式洋葱汤

启用烤箱旋风模式，
让烤箱内的温度保持稳定均匀，
上下两层烤架即可同时使用，
不必担心烤温不均的问题。

ingredients【材料】

- 猪梅花肉排／2片
腌酱
- 红葱头／4瓣
- 大蒜／2瓣
- 罗勒碎／1小匙
- 咖喱粉／1大匙

- 辣椒粉／1小匙
- 花生酱／50g
- 柠檬汁／1大匙
- 鱼露／1大匙
- 椰浆／100ml

prepare【事前准备】

将红葱头与大蒜剥去外皮后备用。

1 所有腌酱材料，放入料理机。

2 使用面糊模式将腌酱搅打均匀。

3 将猪梅花肉排以刀背稍微剁几下，使得肉更嫩，更易入味。

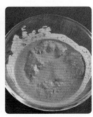

4 猪梅花肉排与腌酱拌匀，静置腌渍材料中约10分钟。

5 放入预热至180℃的烤箱下层。

6 烤约15分钟至酱汁略收，猪肉熟透即可。

香料烤猪梅花
➕法式洋葱汤

上、下火＋
旋风功能
温度 180℃
时间 25分钟

经典的法式汤品，
因为烤箱的性质，
更加香气浓郁。
而整体时间还节省了许多。

ingredients【材料】

- 洋葱／2个
- 法国面包／1片
- 干燥百里香／1小匙
- 橄榄油／1大匙

- 高汤／400ml
- 海盐与白胡椒粉／适量
- 披萨芝士碎／10g
- 帕玛森芝士粉／1小匙

prepare【事前准备】

洋葱切片；法国面包切1cm宽，取1片备用。

1 将洋葱铺在烤盘上，洒上干燥百里香后，淋上橄榄油拌匀。

2 接着放入预热至180℃的烤箱上层，烤约20分钟至洋葱香甜。

3 取出，再放入料理机中，倒入高汤，使用热汤模式打均匀。

4 接着加入海盐与白胡椒粉调味。

5 装入碗中，摆上法国面包。

6 撒上披萨芝士碎。

7 再撒上帕玛森芝士粉。

8 放回烤箱，续烤5分钟即可。

上、下火+
旋风功能
温度 200℃
时间 12分钟

花菜浓汤

➕培根香料烤全鱼

两道菜一起放进烤箱，
上层的烤蔬菜吸收了肉香
与下层烤鱼的海潮味。
这是传统锅煮料理不可能发生的美好关系。

ingredients【材料】

- 培根／2片
- 花菜／200g
- 红葱头／4瓣
- 橄榄油／1大匙
- 高汤／400ml
- 海盐与白胡椒／适量

prepare【事前准备】

培根切小段；花菜切小朵，去除茎部
硬皮；红葱头切片备用。

1 将花菜铺在烤盘上，然后铺上培根与红葱头。

2 接着淋上橄榄油拌匀。

3 放入预热至200℃的烤箱上层。

4 烤约12分钟至蔬菜香甜。

5 把烤盘内的所有材料放入料理机中。

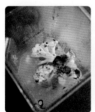

6 接着加入高汤。

7 使用热汤面糊模式将食材搅打均匀。

8 倒入汤锅中，再以中小火加热浓汤。

9 待浓汤沸腾后，关火，以海盐与白胡椒调味即可。

133

花菜浓汤
➕培根香料烤全鱼

上、下火＋
旋风功能
温度 200℃
时间 20分钟

培根包住鱼身，
培根油脂的香味渗进鱼肉，
还能避免鱼肉烤得过干，
这是一种两全其美的方法。

ingredients〔材料〕

- 牛番茄／2个
- 黄柠檬／1个
- 鲈鱼／1只（约30cm）
- 培根／5片

烤鱼酱汁
- 披萨草／1小匙
- 橄榄油／50ml
- 海盐／1/2小匙
- 黑胡椒／1/2小匙

prepare〔事前准备〕

牛番茄切片；黄柠檬切片备用。

1 将鲈鱼洗干净后，用餐巾纸擦干水分。

2 将烤鱼酱汁材料搅拌均匀。

3 把烤鱼酱汁均匀地涂抹在鲈鱼内、外全身。

4 接着将黄柠檬片铺入鲈鱼肚内。

5 再将鲈鱼身裹上培根片。

6 烤盘先铺上烘焙纸，再放上番茄片。

7 然后上方放上裹好培根的鲈鱼。

8 放入预热至200℃的烤箱下层。

9 烘烤约20分钟，至鲈鱼肉熟透即可。

上、下火＋
旋风功能
温度 200℃
时间 10分钟

薄荷豌豆培根浓汤
➕湿式柠檬烤鸡

利用烤箱封闭的空间，
让烤箱拥有一点蒸烤的气息，
料理的湿度，
可以保持在最佳的状况，所以烤物更加好吃。

ingredients【材料】

- 培根／2片
- 青葱／2根
- 冷冻豌豆／250g
- 橄榄油／1大匙
- 鸡高汤／40ml
- 牛奶／40ml
- 干燥薄荷／1小匙
- 砂糖／1小匙
- 海盐与白胡椒／适量

prepare【事前准备】

培根切段；青葱切段备用。

1 先将冷冻豌豆铺于烤盘上，再放上培根与葱段。

2 淋上橄榄油，放入预热至200℃的烤箱上层。

3 烘烤约10分钟至培根释出油脂，蔬菜有香甜味。

4 将烤好的材料放入料理机中。

5 再放入鸡高汤、牛奶、干燥薄荷与砂糖。

6 使用热汤面糊模式将食材搅打均匀。

7 倒入汤锅中，以中小火加热。

8 待沸腾后关火，以海盐与白胡椒调味即可。

薄荷豌豆培根浓汤
➕湿式柠檬烤鸡

上、下火 +
旋风功能

温度 200℃
时间 25分钟

鸡腿释出的油脂，
恰好将洋葱与大蒜煸香，
鸡腿也有了空间，吸收更多芳香的滋味，
人生，也要如此……

ingredients【材料】

- 去骨鸡腿／2只
- 洋葱／1颗
- 大蒜／3瓣
- 海盐与白胡椒／适量
- 高筋面粉／适量
- 百里香粉／1/2小匙
- 柠檬汁／1/2大匙
- 白酒／1/2大匙

prepare【事前准备】

去骨鸡腿切大块；洋葱切薄片；大蒜
压裂备用。

1 去骨鸡腿放入塑料袋中，加入适量海盐、白胡椒与高筋面粉、百里香粉，封口摇晃，让去骨鸡腿沾上薄粉。

2 烤盘内依序放上：去骨鸡腿、洋葱、大蒜。

3 淋上柠檬汁与白酒。

4 放入预热至200℃的烤箱下层。

5 烘烤约25分钟即可。

上、下火＋
旋风功能
温度 200℃
时间 15～20分钟

芝士通心粉✚
香草酥皮鲑鱼派

还有什么，
比一起享受香浓的通心粉
与浓香的鲑鱼派，
更开心呢！（笑）

ingredients【材料】

- 洋葱／1个
- 通心粉／120g
- 橄榄油／2大匙
- 无盐黄油／30g
- 低筋面粉／2大匙
- 牛奶／200ml
- 淡奶油／200ml
- 海盐与黑胡椒／适量
- 披萨芝士碎／100g

prepare【事前准备】

洋葱切碎备用。

1. 用沸水煮好通心粉，起锅时间比包装说明早2分钟。

2. 迅速冲冷水冷却后，过滤水分，再拌1大匙橄榄油备用。

3. 深锅中放入无盐黄油与橄榄油，以中小火加热。

4. 待无盐黄油熔化后，放入洋葱炒香。

5. 加入低筋面粉拌炒一下，再倒入牛奶与淡奶油拌匀。

6. 接着加入披萨芝士碎，搅拌至芝士熔化。

7. 然后再加入通心粉、海盐与黑胡椒。

8. 铸铁烤盘中涂抹无盐黄油，再倒入煮好的芝士通心粉。

9. 放入预热至200℃的烤箱上层。

10. 烘烤15～20分钟至表面金黄即可。

141

芝士通心粉➕
香草酥皮鲑鱼派

好好吃！好好吃！
每咬一口，
这句话就会像漫画字幕一样，
在耳朵旁边蔓延开来。

上、下火＋
旋风功能
温度 200℃
时间 15分钟

ingredients【材料】

- 鲑鱼／100g
- 红葱头／2瓣
- 柠檬皮碎／1/2小匙
- 淡奶油／100ml
- 玉米淀粉／1小匙
- 白酒／30ml
- 海盐与白胡椒／适量

- 茴香粉／1/4小匙
- 无盐黄油／1小块
- 冷冻酥皮／2片

蛋黄牛奶液
- 蛋黄／1颗
- 牛奶／1大匙

prepare【事前准备】

鲑鱼切成3cm宽的片状；红葱头切碎；柠檬取皮碎；淡奶油加入玉米淀粉拌匀备用。

1. 鲑鱼用加了盐（配方外）的沸水氽烫后，取出沥干水分备用。

2. 将白酒与红葱头，以中小火煮沸。

3. 待收汁时，加入拌有玉米淀粉的淡奶油。

4. 使用打蛋器不断搅拌至煮沸，关火，先加入海盐与白胡椒调味，再拌入柠檬皮碎、茴香粉与无盐黄油。

5. 最后放入鲑鱼轻拌后，放凉备用。

6. 拿出冷冻酥皮，放在烤盘上，将鲑鱼放在酥皮上半部分。

7. 对折盖上冷冻酥皮，边缘用叉子压密合后，表面切几刀气口。

8. 刷上蛋黄牛奶液，再放入预热至200℃的烤箱下层。

9. 烘烤约15分钟，至金黄香酥即可。

上、下火＋
旋风功能
温度 200℃
时间 20分钟

斯里兰卡香料饭
➕蜂蜜烤排骨

香料的世界，何其美妙，
会通过餐桌上的美味，
带你的感官跨越时空。

ingredients【材料】

- 洋葱/1/2个
- 大蒜碎/1小匙
- 胡萝卜/5cm
- 无盐黄油/10g
- 高汤/270ml
- 香米/1杯（约180g）
- 肉桂棒/1支
- 姜黄/1小匙
- 小豆蔻/1粒
- 丁香/1粒

prepare【事前准备】

洋葱切碎；大蒜切碎；胡萝卜切细丝
备用。

1 锅中加入无盐黄油与高汤，加热至无盐黄油熔化。

2 接着将其他所有材料放入锅中拌匀煮滚。

3 盖上锅盖，放入预热至200℃的烤箱下层。

4 烘烤约20分钟后，取出打开锅盖，迅速把底部香米翻上来。

5 盖回锅盖，室温静置焖10分钟。

POINTS 请使用可以整锅带盖放入烤箱的锅具。如果米未熟，但是水分已干，可再加入热水20ml，盖上锅盖，继续烘烤。

斯里兰卡香料饭
➕蜂蜜烤排骨

香甜令人吮指，让人忍不住抓起排骨，
咬一口肉，配一口饭，
下次，试试把餐具拿掉，
直接用手吃饭吧！

上、下火＋旋风功能
温度 200℃
时间 20分钟

ingredients【材料】

• 猪排骨／300g

腌肉酱汁
• 大蒜碎／2大匙
• 生姜末／2大匙
• 蜂蜜／4大匙
• 酱油／2大匙
• 柠檬汁／1大匙
• 马萨拉（印度咖喱粉）／1/2小匙

prepare【事前准备】

大蒜切碎；生姜切末备用。

1 将所有腌肉酱汁材料拌匀后，再放入猪排骨。

2 充分按摩均匀，静置腌制30分钟使其入味。

3 将腌入味的猪排骨铺放在烤盘上。

4 放入预热至200℃的烤箱上层，先烘烤10分钟。

5 取出猪排骨翻面，再续烤10分钟即可。

POINT 如果怕猪排骨烤得太焦，可以在表面盖上铝箔纸。

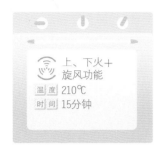

上、下火＋
旋风功能

| 温度 | 210℃ |
| 时间 | 15分钟 |

香烤坚果花菜

➕香料黄油烤鸡

坚果与花菜是绝配，
黄油与烤鸡也是如此。
就像是翩翩起舞的小步舞曲，
总让人身心雀跃不已。

ingredients{材料}

- 花菜／150g
- 大蒜末／1大匙
- 生姜末／1大匙
- 综合坚果／50g
- 橄榄油／2大匙

辛香料

- 香菜籽粉／1小匙
- 咖喱粉／1小匙
- 海盐／1小匙
- 黑胡椒／1小匙

prepare{事前准备}

花菜切小朵，去除茎部硬皮；大蒜切末；生姜切末；综合坚果粗切粒备用。

1 将花菜放入沸水汆烫后，取出沥干水分。

2 接着加入所有辛香料与橄榄油拌均匀。

3 将香料花菜移至耐热陶钵中，表面撒上坚果碎。

4 放入预热至210℃的烤箱下层。

5 烘烤约15分钟即可。

POINT: 使用花菜，烤出来的色泽比使用西蓝花好，除了花菜，黄栉瓜或洋葱，也是很好的选择。

香烤坚果花菜
➕香料黄油烤鸡

单独吃的时候，馨香腴美；
和香烤坚果花菜一起享用，
烤鸡的油润浸渍着花菜与坚果的爽脆，
天外有天，更上一层！

上、下火＋
旋风功能
温度 210℃
时间 30分钟

ingredients【材料】

● 鸡肉／300g

香料黄油
● 有盐黄油（室温）／125g
● 月桂叶（香叶）粉／1小匙
● 大蒜碎／1大匙
● 盐／1小匙
● 黑胡椒／1小匙

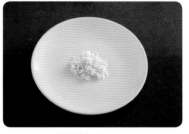

prepare【事前准备】

大蒜切碎备用。

 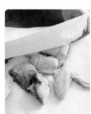   

1 将香料黄油材料，搅拌均匀。

2 鸡肉先用餐巾纸擦干水分。

3 然后以按摩的方式把鸡肉均匀地抹上香料黄油。

4 把香料黄油鸡肉平铺在烤盘上。

5 放入预热至210℃的烤箱上层。

6 烤约30分钟，至表层金黄、皮香肉熟。

POINT **使用烤箱的旋风功能，可以有效率地将热能均匀散布在烤箱里，这样上下层的料理都能均匀受热。**

上、下火＋
旋风功能
温度 200℃
时间 20分钟

百里香香味烤蔬菜
➕纸包八角焖鸡

香味浓郁却清爽，
我想，就是在说这两道菜肴。
口口都是好味道，
却表现出舒服的轻盈感。

ingredients【材料】

- 娃娃菜/2株
- 西芹/1根
- 黄甜椒/1个
- 洋葱/1/2个

百里香酱汁
- 橄榄油/50ml
- 百里香粉/1小匙
- 月桂叶（香叶）/2片
- 海盐/1小匙
- 黑胡椒/1小匙

prepare【事前准备】

娃娃菜一切为四；西芹削去硬皮，切成5cm小段；黄甜椒去蒂头与籽，切成8瓣；洋葱切薄片备用。

1 先把所有百里香酱汁材料在钢盆内拌匀。

2 放入所有处理好的蔬菜，充分搅拌。

3 将蔬菜移到耐热的烤盆中。

4 放入预热至200℃的烤箱下层。

5 烤焙约20分钟，至蔬菜香甜软熟即可。

POINT: 这道烤蔬菜，可以利用自己手边现有的蔬菜自行搭配，胡萝卜、白菜等都行。

百里香香味烤蔬菜
➕纸包八角焖鸡

利用纸包的技巧，
让鸡肉用自己的水分将自己蒸熟，
这和蒸锅的道理相似，
但肉质口感更多了几分Q弹。

上、下火+
旋风功能
温度 200℃
时间 30分钟

ingredients{材料}

- 姜／2片
- 青葱／2根
- 棒棒腿／2只
- 海盐／适量
- 八角／2粒
- 烘焙纸／1张
- 白酒／1大匙

prepare{事前准备}

姜切成姜片；青葱切成10cm长段备用。

1 先用小刀在棒棒腿中间戳一个洞。

2 然后均匀抹上海盐。

3 在洞中放入八角与姜片。

4 准备大张烘焙纸，依序摆上：青葱段、棒棒腿。

5 在棒棒腿上淋上白酒。

6 先将烘焙纸对折，再从一端开始将烘焙纸往内卷，卷至另一端后，收尾处仔细将多余的纸卷起收口。

7 将纸包鸡移放在烤盘上。

8 放入预热至200℃的烤箱上层，烘烤约30分钟即可。

上、下火＋旋风功能
温度 200℃
时间 15分钟

甜椒镶饭

简单快速的无技巧料理，
只要家里有烤箱，
就能做出这道连小朋友
都会吃光光的好料理！

ingredients【材料】

- 红甜椒/1个
- 黄甜椒/1个
- 披萨芝士碎/40g

填料
- 培根/3片
- 洋葱/1/2个
- 市售冷冻炒饭/200g
- 番茄酱/2大匙

prepare【事前准备】

红、黄甜椒从蒂头下约1cm处横切开，
把籽挖干净；培根切碎；洋葱切碎备
用。

1. 将所有填料的材料搅拌均匀。
2. 填入红、黄甜椒当中。
3. 上头放满披萨芝士碎。
4. 将红、黄甜椒移至烤盘上。
5. 放入预热至200℃的烤箱下层。

6. 烘烤约15分钟即可。

POINT: 甜椒是一种美味又容易烹调的食材，里面的填料可以使用调味后的绞肉，也可以是自己炒的炒饭……一个就能吃饱、吃好！

157

甜椒镶饭
➕香辣鸡腿

香辣震撼，
表现出热情心灵的好料理。
如果想让心爱的对方感受热烈，
就选择这佳肴吧！

上、下火＋旋风功能
温度 200℃
时间 25分钟

ingredients【材料】

- 棒棒腿／2只（去皮）

腌料
- 草莓果酱／2大匙
- 大蒜／2瓣
- 姜／1段（3cm）
- 橄榄油／1大匙
- 酱油／1大匙
- 伍斯特酱／1大匙
- 芥末籽酱／1小匙

香料
- 红椒粉／1大匙
- 香菜籽粉／1小匙
- 辣椒粉／1/4小匙
- 海盐／1小匙
- 黑胡椒／1小匙

prepare【事前准备】

棒棒腿去皮备用。

1 在棒棒腿表面划3刀。

2 把腌料与香料材料，放入料理机中搅打均匀。

3 将棒棒腿与腌香料充分按摩均匀。

4 接着，将棒棒腿放置在烤盘中。

5 放入预热至200℃的烤箱上层。

6 烘烤约25分钟即可。

POINT 因为腌料中有果酱，而含糖类的酱料较容易烧焦，如果担心，可以在表面铺上一层铝箔纸，待棒棒腿熟透取下铝箔，再烤到表皮上色即可。

上、下火＋旋风功能
温度 200℃
时间 20分钟

意式番茄橄榄烤鱼
➕香料蔬菜串

健康美味无负担，
海鲜料理与蔬菜串。
好适合夏日晚风的夜晚，
与一桌好友谈天共享。

ingredients【材料】

- 鲈鱼／1只
- 海盐与黑胡椒／适量
- 橄榄／10颗
- 小番茄／10颗
- 意大利香料／1小匙
- 木瓜榴*／1大匙
- 白酒／200ml
- 柠檬汁／1大匙
- 橄榄油／2大匙

编者注：*木瓜榴又称为木瓜柳、酸豆，是意大利美食的佐餐配料。

1. 在鲈鱼身上切斜口。

2. 置于烤锅中，两面均匀撒上海盐与黑胡椒。

3. 将其余材料先在盆中拌均匀。

4. 把酱汁淋在鱼身上。

5. 将烤锅移到烤架上。

6. 鲈鱼尾使用铝箔纸包好以防烤焦。

7. 接着放入预热至200℃的烤箱下层。

8. 烘烤约20分钟至鲈鱼肉熟透即可。

意式番茄橄榄烤鱼
➕香料蔬菜串

上、下火＋
旋风功能
温度 200℃
时间 10分钟

让月桂粉的香气沾附在蔬菜上，
再选用优质的橄榄油，
更是相得益彰！

ingredients【材料】

- 栉瓜＊/适量
- 小红、黄甜椒/适量
- 带叶玉米笋/适量
- 烤肉竹签/3支
- 小番茄/适量
- 大蒜/适量
- 迷迭香（10cm长）/5根

月桂酱汁
- 月桂叶（香叶）粉/适量
- 海盐/适量
- 黑胡椒/适量
- 橄榄油/适量

编者注：＊又叫作或类似于西葫芦、夏南瓜、云南小瓜。

prepare【事前准备】

栉瓜切成1.5cm厚圆片；小红、黄甜椒对切；带叶玉米笋剥去一半的叶子备用。

1 烤肉竹签泡水备用。

2 将月桂酱汁搅拌均匀备用。

3 随意组合串起蔬菜，再涂上月桂酱汁。

4 烤盘底部先铺放迷迭香，再摆上蔬菜串。

5 放入预热至200℃的烤箱上层。

6 烘烤约10分钟即可。 **POINT** 使用烤箱的旋风功能，能让烤箱温度均匀，也容易让蔬菜变干，因此表面一定要淋上充分的酱汁，即可烤出多汁的蔬菜。

上、下火＋
旋风功能

温度 220℃
时间 20分钟

香料海盐纸包烤鱼
✚自制夏威夷披萨

纸包料理，
是一种具备戏剧感的做菜方式。
一定要在客人面前开启，
让这一道香气，掳获人心。

ingredients【材料】

- 牛番茄／1个
- 培根／2片
- 鱼排／1片
- 烘焙纸／1张
- 橄榄油／适量
- 白酒／适量

调味橄榄油
- 橄榄油／2大匙
- 柠檬汁／1大匙
- 披萨草／1小匙
- 海盐／1小匙
- 黑胡椒／1小匙
- 白酒／1大匙

prepare【事前准备】

牛番茄切片；培根切段备用。

1 将调味橄榄油拌匀备用。

2 鱼排擦干水分，放在烘焙纸上，淋上调味橄榄油。接着拿起鱼排，铺上番茄片。

3 再将鱼排放在番茄片上。

4 铺上培根片。

5 淋上白酒。

6 将烘焙纸对折。

7 从边缘将纸卷起来，封住收口。

8 放入预热至220℃的烤箱上层。

9 烘烤约20分钟即可。

香料海盐纸包烤鱼
➕自制夏威夷披萨

上、下火＋
旋风功能
温度 220℃
时间 10分钟

现在的烤箱好方便，
还可配上专用的披萨石烤盘，
不用担心烤箱温度不够，
烤不出酥脆的披萨饼皮。

ingredients【材料】

- 橄榄油／2.5大匙
- 披萨番茄酱／3大匙
- 黑胡椒／适量
- 披萨芝士碎／50g
- 凤梨／适量
- 火腿片／适量
- 意大利香料／1/2小匙

披萨饼皮
- 水／175ml
- 速发酵母粉／1/2小匙
- 砂糖／1/2小匙
- 中筋面粉／280g
- 盐／1/2小匙
- 高筋面粉（手粉）／适量

prepare【事前准备】

将烤箱先调到最高温，放入披萨石烤盘约20分钟备用。

1. 水中加入速发酵母粉、砂糖，拌匀静置约10分钟，待酵母活化。

2. 钢盆中，先放入中筋面粉、盐，并倒入酵母水拌匀成团。

3. 移到桌面，用手揉至表面光滑（约揉5分钟），再放回钢盆中。

4. 表面盖上湿布，与一碗沸水同时放入预热至50℃的低温烤箱，发酵30分钟。

5. 取出面团，在披萨盘入盘上擀开，并用叉子叉少许小洞。

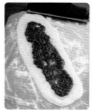

6. 接着涂上橄榄油与适量披萨番茄酱。

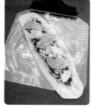

7. 撒上黑胡椒与少许披萨芝士碎，再铺上凤梨与火腿片。

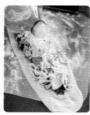

8. 铺上剩余披萨芝士碎，并在表面淋上少许橄榄油，撒上意大利香料。

9. 烤箱温度降到220℃，然后将披萨置于烤箱内的石烤盘上，烘烤约10分钟即可。

上、下火＋旋风功能

温度 220℃

时间 15分钟

土耳其烤肉
＋杏仁果牛肉咖喱

这两道都是相当配饭的香料菜，
也可存放到第二天，
气味融合后，相当好吃。

ingredients【材料】

- 洋葱碎／1/4个
- 香菜碎／2根
- 大蒜碎／1小匙
- 姜碎／1小匙
- 牛绞肉／150g
- 猪绞肉／150g
- 鸡蛋／1个
- 面包糠／2大匙
- 粗竹签／6支（泡水）

香料粉
- 咖喱粉／1小匙
- 卡宴辣椒粉＊／1/4小匙
- 香菜籽粉／2小匙
- 黑胡椒粉／1/2小匙
- 盐／3/4小匙

prepare【事前准备】

洋葱切碎；香菜切碎；大蒜切碎；姜切碎备用。

编者注：＊辣度高的正红色香料，是墨西哥、印度美食中很常用的香料。

1 将所有绞肉与香料粉充分搅拌均匀。

2 再加入所有切好的材料仔细拌匀。

3 接着把鸡蛋打散，加入面包糠拌匀。

4 倒入绞肉中仔细搅拌均匀。

5 分成六等份，整成长方形，穿入粗竹签，调整成棒状。

6 放入预热至220℃的烤箱上层。

7 烘烤15分钟即可。

土耳其烤肉
➕杏仁果牛肉咖喱

利用烤箱慢炖，
再也不必一直守在炉火前看着。
开瓶喜欢的酒，放一首爱听的歌，
然后静静等待一切美好发生！

上、下火＋
旋风功能
温度 220℃
时间 60分钟

ingredients{材料}

- 牛肋条/400g
- 洋葱/1/2个
- 大蒜末/1/2大匙
- 生姜末/1/2大匙
- 橄榄油/1大匙
- 香菜籽粉/1大匙
- 咖喱粉/1大匙
- 鸡高汤/200ml
- 全颗带皮杏仁/30g
- 动物性淡奶油/150ml
- 海盐与黑胡椒/适量

prepare{事前准备}

牛肋条切大块；洋葱切片；大蒜切
末；姜切末备用。

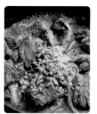

1. 平底锅中，先加入1大匙橄榄油，以中火炒香洋葱，再加入大蒜与姜末一起炒香。

2. 然后放入牛肋条一起炒到肉香四溢。

3. 接着加入香菜籽粉与咖喱粉一同炒香。

4. 倒入鸡高汤，并将全颗带皮杏仁压碎后一起放入同炒。

5. 再倒入动物性淡奶油拌匀，煮滚后关火。

6. 盖上锅盖，放入预热至220℃的烤箱下层。

7. 炖烤60分钟后取出，以海盐与黑胡椒调味。

上、下火＋旋风功能

温度 200℃
时间 15分钟

牧羊人派
➕黑麦啤酒炖猪肉

英国与德国的两道风味料理，
均属农家菜系。
分量足、风味厚，
很适合打球的男孩享用。

ingredients〔材料〕

马铃薯泥
- 马铃薯／2个
- 大蒜碎／1大匙
- 海盐／少许
- 牛奶／100ml
- 蛋黄／1颗
- 无盐黄油／20g
- 海盐与黑胡椒／适量

肉派
- 洋葱／1/2个
- 大蒜碎／1大匙
- 西芹／1/2根
- 胡萝卜／1/2根
- 橄榄油／适量
- 猪绞肉／300g
- 百里香／1小匙
- 整粒番茄罐头／100g
- 红酒／100ml
- 低筋面粉／1~2大匙
- 海盐与黑胡椒／适量

prepare〔事前准备〕

马铃薯去皮切丁；大蒜切碎；洋葱切碎；西芹切碎；胡萝卜切碎备用。

1 将马铃薯放进加入少许盐的沸水中煮熟。

2 趁热取出沥干水分，倒回锅内，再捣成泥状，将马铃薯泥其他材料加入锅中，以小火边煮边搅拌成薯泥，关火。

3 另用一平底锅，加入橄榄油，先炒香猪绞肉。

4 陆续加入切好的蔬菜碎。

5 待炒香软后，加入百里香、整粒番茄罐头与红酒。

6 加入低筋面粉拌炒，微稠后，以海盐与黑胡椒调味，关火。

7 先将猪绞肉放入烤盅底部，再在表面铺满马铃薯泥。

8 用叉子划出痕迹，再放入预热至200℃的烤箱上层。

9 烘烤约15分钟至表面金黄即可。

173

牧羊人派
➕黑麦啤酒炖猪肉

黑麦啤酒的麦香，
赋予了猪肉一种特别的醍醐味，
让人越吃越觉得好有深度，
再搭配一瓶冰黑麦啤酒，互相呼应！

上、下火＋
旋风功能
温度 200℃
时间 40分钟

ingredients【材料】

A
- 猪梅花肉／600g
- 海盐与黑胡椒／适量
- 低筋面粉／1大匙
- 橄榄油／1大匙
- 红酒醋／1大匙

B
- 洋葱／1个
- 胡萝卜／1根

- 低筋面粉／2大匙

C
- 青葱／2根
- 月桂叶（香叶）／2片
- 砂糖／1/2大匙
- 芥末籽酱／2大匙
- 黑麦啤酒／350ml
- 海盐与胡椒／适量

prepare【事前准备】

猪梅花肉切大块；洋葱切片；胡萝卜切滚刀块；青葱打结备用。

1 猪梅花肉放入塑料袋中，加入海盐与黑胡椒、低筋面粉，摇晃让猪肉均匀裹上调料。

2 取一烤锅，以中火加热，加入橄榄油，将肉煎香，然后淋上红酒醋，取出备用。

3 用原锅续炒洋葱、胡萝卜。

4 待炒香炒软后，加入低筋面粉拌匀。

5 依序放入猪梅花肉、青葱束、月桂叶、砂糖、芥末籽酱与黑麦啤酒。

6 大火煮开，盖上铝箔，放入预热至200℃的烤箱下层。

7 炖烤40分钟后取出，放入海盐、黑胡椒调味即可。

红酒柳橙烤排骨
＋香味蔬菜炖牛肉

很讨喜的水果菜系，
适合各种年龄层。
也很适合节庆时，
家人一起来制作。

ingredients〔材料〕

- 猪排骨／300g

腌肉酱汁
- 大蒜碎／2大匙
- 酱油／1大匙
- 红酒／1大匙
- 柳橙果酱／1大匙
- 粗粒黑胡椒／1大匙
- 匈牙利红椒粉／1小匙
- 大蒜粉／1小匙
- 月桂叶（香叶）粉／1小匙
- 橄榄油／2大匙
- 海盐／1小匙

prepare〔事前准备〕

大蒜切碎备用。

1. 将所有材料仔细搅拌均匀，并静置30分钟至1小时。

2. 放入预热至200℃的烤箱上层。

3. 烘烤约15分钟即可。

POINTS 如果怕太焦，可以先盖上铝箔纸，待猪排骨熟透后，再取出铝箔纸，将猪排骨烤上色。

红酒柳橙烤排骨
➕香味蔬菜炖牛肉

利用烤箱，
炖煮出清爽又带浓郁香气的牛肋条汤，
比用炉火煮还好喝。

上、下火＋
旋风功能

温度	200℃
时间	60分钟

ingredients【材料】

- 牛肋条／400g
- 西芹／2根
- 小胡萝卜／1根
- 青葱／2根
- 丁香／2颗
- 胡椒粒／1小匙
- 月桂叶（香叶）／1片
- 百里香／1/2大匙
- 洋葱／1/2个
- 海盐／1大匙

prepare【事前准备】

牛肋条切大块；西芹削去硬皮，切段；小胡萝卜削皮后，切滚刀块；青葱打结备用。

1 先将牛肋条用沸水汆烫，去血水。

2 洋葱去皮，将两颗丁香插上，与其他所有材料放入锅中。

3 加水盖过食材，并以中大火煮滚。

4 盖上锅盖，放入预热至200℃的烤箱下层。

5 炖煮约1小时后取出，放入海盐调味。

上、下火+旋风功能
温度 200℃
时间 25分钟

坦都烤鸡
➕小豆蔻姜黄饭

两道都是印度有名的料理。
运用烤箱，同时制作两道佳肴，
节省了时间，
增加了享用的情趣。

ingredients【材料】

- 棒棒腿/3只（去皮）
- 香菜/适量

腌肉料
- 蒜碎/1小匙
- 姜碎/1小匙
- 酸奶/100g
- 橄榄油/1小匙

- 盐/1小匙
- 红椒粉/1大匙
- 香菜籽粉/1大匙
- 咖喱粉/1小匙
- 姜黄/1/2小匙
- 辣椒粉/1/4小匙
- 柠檬汁/1/2个

prepare【事前准备】

棒棒腿去皮；大蒜切碎；姜切碎备用。

1 先在棒棒腿上划3刀。

2 把所有腌肉料搅拌均匀。

3 将腌肉料均匀按摩在棒棒腿上。

4 等距地放在烤盘中。

5 放入预热至200℃的烤箱上层。

6 烘烤约25分钟，食用时搭配香菜即可。

POINT： 可以先在前一晚腌好，隔天再烤，也可以一次多烤些，然后分装存放在冰箱冷冻，想吃的时候，随时都有！

坦都烤鸡

➕小豆蔻姜黄饭

带着淡淡香气和鲜艳色彩的姜黄饭，
利用烤箱就能轻松做出，
不用担心锅底烧焦啰！

上、下火＋
旋风功能

温度 200℃
时间 20分钟

ingredients{材料}

* 洋葱 / 1/2个（切碎）
* 大蒜碎 / 1小匙
* 无盐黄油 / 10g
* 高汤 / 150ml
* 椰奶 / 120ml

* 香米 / 1杯（约180g）
* 小豆蔻 / 2粒
* 姜黄 / 1小匙
* 香菜籽粉 / 1/4小匙

prepare{事前准备}

洋葱切碎；大蒜切碎备用。

1 将无盐黄油、
高汤与椰奶放
入锅中，以中
小火加热至无
盐黄油熔化。

2 所有材料放入
锅中拌匀，煮
至沸腾。

3 盖上锅盖，放
入预热至200℃
的烤箱下层。

4 烘烤约20分钟
取出，迅速把
底部香米翻上
来。

5 盖回锅盖，室
温静置后，焖
10分钟即可。

POINTS 如果米未熟但水分已干，可加入热水20ml，盖上锅盖，继续烘烤。

著作权合同登记号：图字 132019055

本著作（原书名《只用烤箱餐餐享用零油烟料理：日日幸福优雅过生活的美味提案》）之中文简体版经日日幸福事业有限公司授予福建科学技术出版社有限责任公司独家发行。任何人非经书面同意，不得以任何形式，任意重制转载。
本著作限于中国内地（不包括台湾、香港、澳门）发行。

图书在版编目（CIP）数据

只用烤箱做出美好一餐 / 蓝伟华著 . —福州：
福建科学技术出版社，2020.8
ISBN 978-7-5335-6176-5

Ⅰ.①只…　Ⅱ.①蓝…　Ⅲ.①电烤箱 – 食谱　Ⅳ.
① TS972.129.2

中国版本图书馆 CIP 数据核字（2020）第 102845 号

书　　名　只用烤箱做出美好一餐
著　　者　蓝伟华
出版发行　福建科学技术出版社
社　　址　福州市东水路 76 号（邮编 350001）
网　　址　www.fjstp.com
经　　销　福建新华发行（集团）有限责任公司
印　　刷　福建彩色印刷有限公司
开　　本　700 毫米 ×1000 毫米　1 / 16
印　　张　11.5
图　　文　184 码
版　　次　2020 年 8 月第 1 版
印　　次　2020 年 8 月第 1 次印刷
书　　号　ISBN 978-7-5335-6176-5
定　　价　55.00 元
书中如有印装质量问题，可直接向本社调换